孩子的第一本
工程科學
[Ⅱ]

宋德震 —— 編著

推薦序——

入門結構與機械領域實用又易讀的好書

　　宋老師多年來投入機器人與工程科學教育，書中清楚地詮釋了在機械領域非常重要又基礎的概念，那就是結構、機構與傳動，再藉由積木實際組合，讓學習者深刻體會從概念到啟發靈感，並激發創意。慧魚工程積木，它不同於一般積木，非常利於搭建車輛、機構等仿真工程模型，並做出貼近真實的動作，然而這樣優越的東西拿在手上，卻有不知從何下手的感覺。此書一方面幫助學習者使用積木建構工程模型，另一方面又將基礎概念具體化，是入門結構與機械領域實用又易讀的好書。

國立清華大學材料科學工程學系暨國際化執行長

李紫原

推薦序——

這是一本說話適度、暖心溫度、知識深度及學習廣度的好書

與作者宋德震老師的結識，是精華國中「與大師相遇」系列四講座開始的，對於這位有「機器人教父」美譽的柯達科技執行長充滿驚奇與讚嘆。

這是一本說話適度、讀書厚度、暖心溫度、知識深度及學習廣度的好書，尤其是理工科書籍，可以這麼簡潔明白傳遞知識。分享作者教書二十多年來工程科學的經驗，提供108課綱生科領域老師授課參考內容，也非常適合學生閱讀，裡面有豐富的圖片，圖文並茂讓人一目了然，許多圖片是作者親自到過四十多個國家旅行時所拍攝的，非常珍貴。作者希望藉由他的經驗減少老師摸索的時間，並讓孩子愛上工程科學。

十二年國教新課綱以核心素養做為課程發展的主軸，培養學生成為自主行動、溝通互動及社會參與等三大面向均衡發展的終身學習者，藉由科技領域來培養學生的科技素養，透過運用科技工具、材料、資源，培養學生動手實作及跨學科知識整合運用知能，並涵育學生的創造思考、批判思考、問題解決、邏輯與運算思維等高層次思考的能力及資訊社會中公民應有的態度與責任感。此書融合課綱的實質內涵，更延伸生活科技領域基礎的核心課程，有別於傳統的教科書制式編輯，更細緻貼近生活經驗學習。

宋老師指出，臺灣社會普遍重視「科學家」勝於「科學人」，前者指的是強調學術研究的菁英教育，後者則是讓「科學」成為所有學生基礎素養的科普教育。如何培養孩子的跨領域素養，是值得思考的課題，他以過去工程模組課程的教學為例，一開始他會透過物理實驗，說明橋梁是如何透過物體形狀的改變去加強支撐力，並用引導的方式，從10％、20％，再慢慢堆疊到100％，才能讓孩子培養出設計能力，而不只有組裝的能力。

新竹縣精華國中校長

何美瑟

推薦序──

基礎科技教育學習的典範，科技教育的理論與實踐

認識宋老師已經十個年頭，還記得第一次遇到宋老師是在屏東縣和平國小的研習教室中，宋老師使用積木教導師生們創作結構與機構，並加入創意元素來準備發明展，那時對於宋老師的感覺就是一位風度翩翩，充滿知識與溫暖而堅定的老師。之後與老師共同參訪德國、共同合作競賽等，更讓我覺得老師本身就是一部機器人寶典，充滿熱情與活力，願意為科技教育付出的老師，讓我深感佩服與感動，不愧為臺灣的機器人教父。

當我拿到老師新書稿件，對於從事中小學科技教育教學的我，實在是如獲至寶，是一本教師自我增能，與學生使用的優良輔助教材。新課綱提到科技領域中的生活科技教育中心目標為「做、用、想」與「創意設計」。「做、用、想」為實作教育、使用工具、思考想像，輔以創意設計，所以整個國教新課綱的生活科技課程目標為工程前教育，而非以往的工藝復興，在閱讀老師的書籍後，不僅認識結構的重要與機構的運作，更能了解結構及機構與生活中事件的連結。例如：桁架於橋梁與建築中的應用、生物體中的結構靜力、動力機構的能量傳遞等，都是常見生活中的例子，結合理論與實際生活的事件，讓整本書更易閱讀，也容易了解在生活中的實際應用。

感謝宋老師能夠編撰如此淺顯易懂的書籍，讓複雜的結構與機構能夠清楚地與生活中的事件連結，融合複雜的理論和實際的生活例子，閱讀本書讓人受益良多，也增進我在教學上的教學知能，我推薦這本書給所有從事基礎科技教育的先進們，一起進入結構與機構的世界中，充實自我，讓我們的教學更為豐富；同時我也推薦本書給初學結構與機構的學習者們，由生活中的例子來進行理論的學習，同時也看到理論與生活事件中的實踐，更增進自我的知識與能力。

感謝宋老師的書籍，讓我看到基礎科技教育學習的典範，也看見科技教育的理論與實踐，再次感謝宋老師。

2015 年師鐸獎得主＆屏東縣立明正國中科技中心主任

推薦序——

帶領孩子如何思考探索工程結構與機構，以及背後的設計邏輯

　　每個人一生中認識的所有朋友都是一種特別的緣份，認識德震老師也是我們難得的機緣。當初因為單純想讓自己孩子學習機器人，與程式設計而相遇，仔細了解老師後，覺得台灣兒童科技教育領域，有這樣一位踏實穩健的老師，用堅持的信念在引領著學童，真是台灣孩子的福氣。

　　德震老師在台灣兒童科技教育領域的奉獻已經超過 20 年，我身為他的好朋友與家長身分，很明白他在這領域教育的初心，從他帶領孩子如何思考探索工程結構與機構，及背後的各種設計邏輯，就明瞭他不求速成，而是著重如何培育孩子的科學素養。他的教育理念在現的速食學習環境之下，或許無法讓社會大眾馬上理解與接受，但只要你用心閱讀本書，一定會發現德震老師是用他投入教育的熱血在完成這本書，因為書本中的內容，都是他這 20 年來，把與孩子一起探索工程科學的奧妙世界積累成冊。

　　誠摯將這本書推薦給重視科技教育的您！

社團法人中華幸福企業快樂人協會理事長

鄭仁壽

自序——從仰望星空到能遙望宇宙

二十年前，我開始使用工程積木（Building blocks）做為教工程學及創造力之載具。一開始學生很少問我有關工程科學的知識，他們大多會問：「老師，這個部位如何組裝？」因為剛開始教學，又毫無教育背景，不太瞭解如何把模型創作，與知識連結在一起，結果我把拼裝模型當作是課程的全部。

為了滿足這群孩子的好奇心，當時24小時不打烊的「敦南誠品書局」就成了我的「夜店」，許多專有名詞的定義，是我在那段摸索教學的日子裡，從閱讀大量原文相關科技發明史中，加上配合工程模型得到的靈感。於是我買了生平第一台數位相機，到處拍橋梁、起重機……，拆解及思索玩具內部的構造，再使用工程積木做出縮小版的工程模型，從開始拼裝模型，轉變為引導的方式與學生互動，基礎工程學、科學與機械物理，都是我與孩子互動的題材，透過模型，讓孩子們從自己的口中說出專有名詞的定義，那時，我在內心和自己對話，有一天，我要讓這門課變得有「溫度」，不是只在「拼裝」模型而已，近年來，更結合了人文、歷史與地理元素在課堂裡。隨著經驗增加，1999年開始，我把程式融入在教學中，使用程式去控制這些工程模型，先後在卡內基美隆大學（2003 CMU）、RoboCupJunior（2003 義大利＋日本、德國、奧地利、新加坡、土耳其、荷蘭、中國……）、美國麻省理工學院（2004 MIT）、第一屆WRO（2005 新加坡）、FIRA（2018 台灣 & 2019 韓國）等機器人世界大賽中獲得冠軍，亦同步把這些經驗轉化到科展，以及其他科學類競賽中，這也讓我在同一年裡，同時指導學生獲得全國科展物理及化學組的特優。

在108課綱生活科技領域，「結構」與「機構」是第一個核心課程，在多個學習主題中，我認為他最為重要，因他最為「基礎」，也憂心學校過於重視「新科技」的應用，使得基本功不夠紮實。我不認同把教育當作潮流追逐，就如這幾年教育界及媒體，都在談論與報導程式和機器人對未來的重要性，瞬間教育變成了商品，弄得家長人心惶惶。教學者如果不清楚結構與機構的定義，怎麼能深入淺出地描述及豐富教學內容，

或去激勵學生學習這門課呢？會驅使我寫這本書的動力，是因為不希望投入生科教學現場的老師，回到二十年前的我一樣，花了許多時間摸索，最後只讓孩子拼完模型便是一堂課。那時我在教學上的改變是出於和自己對話與「自省」，以及對教學的熱愛。雖然當時工程科學在體制外很冷門，但絲毫不影響我對這門課程的投入。在我的認知裡面，孩子才是課堂上的主角，體會出「引導」比「教導」重要，這可能也和我國中曾唸放牛班的經驗有關，深刻體認出不是每個孩子都有一聽就懂的悟性，更不會視「你應該知道」為理所當然。二十年後，我希望能把這些經驗分享，讓老師在教生活科技這門課時，有初步的參考範例，當老師有教這門課的背景知識與能力，生科變得有趣便是理所當然，自然能激起學生對這門課學習的興趣，更期待這門課能重新被看見與重視，不再只是拿來考試，或挪作其他用途。

　　本書原規劃是單本印刷，由於章節及頁數太多，所以把結構與機構兩個主題各自獨立成書。我把此書定位在科普閱讀，並非專業類別，主因是不希望被拘限在特定科系的學生範圍，亦考量學校生科或自然科老師，可能會以本書的單元做為教學範例，所以會在部分內容列舉基本的數學計算當作補充說明，目的是為了證明，若使用工積木，亦能配合專業科目做教學，有了數學式輔以內容解釋，能更清楚地認識工程學。

　　我發現一般學生及老師對機構的認知勝過結構，在書裡，我放了大量的圖片，許多是我到超過 40 個國家旅行時拍的，希望圖文並茂的呈現，內容能更貼近生活經驗，不會因看到書名就感到莫名的恐懼而失去接觸的機會。目前學習機器人相關課程已變得是一種顯學，在機構章節裡的概念，可以讓學生應用在機器人的機構設計與製作，我把最後一個單元名稱取名為「和木相處」，希望在生科教室裡，不再只有冰冷的雷切機與五金工具，另外，配合木工實作課程，我發現部份元件可使用積木替代，這樣對學生的製作效率，及作品精細度可提升，多餘的時間便可做優化。

根據《CNBC》報導，比爾蓋茲表示，雖然許多人在鼓吹學程式，但令人意外的是，他認為「不一定要會寫程式」（It's not necessarily that you'll be writing code.），但他卻認為：「你還是必須了解工程師的能力，與他們能做及不能做的事」，「你不需要當個程式專家，但如果你懂得工程師的思維，對你會很有幫助。」衷心期盼台灣的孩子未來都能具備工程素養，更擁有「設計」的能力，而不只是在「組裝」機器人（More Than Assembly! It's Designing & Engineering.）。

希望本書的內容，能做為老師在教生活科技課程的初步參考資料，也帶給孩子們走進基礎工程學的世界，讓他們從仰望星空到能遙望宇宙。最後感謝台科大圖書范文豪總經理對科普教育的遠見與支持，和編輯奇蓁的費心協助，才能使這本書如期付梓。

僅列舉部分筆者指導學生參加國際競賽的活動相片，證明臺灣的孩子有能力躍上世界的舞台。把世界當課本，而不是只有把課本當世界，感謝我們共同努力的日子，一起享受淚水下的美好。

▲ 2003 年義大利 RoboCupJunior 18 歲組足球機器人冠軍

▲ 2005 年日本 RoboCupJunior 18 歲組足球機器人冠軍

▲ 2004 年 MIT 機器人大賽 18 歲組足球機器人冠軍

▲ 2005 年新加坡第一屆 WRO 世界機器人大賽小學組冠軍

▲ 2009 年奧地利 RoboCupJunior 14 歲足球機器人冠軍

▲ 2010 年新加坡 RoboCupJunior 14 歲足球機器人冠軍＆最佳簡報

▲ 2011 年土耳其 RoboCupJunior 18 歲足球機器人冠軍

▲ 2013 年荷蘭 RoboCupJunior 14 歲組足球機器人冠軍＆最佳第一隊

▲ 2015 年中國 RoboCupJunior 14 歲組跳舞機器人冠軍

▲ 2018 年臺灣 FIRA 機器人世界賽 14 歲冠軍＆18 歲組冠軍（科技部主辦）

▲ 2018 參加美國夏威夷 FRC 全球高中生機器人競賽

▲ 2018 年 Apicta 亞太區資通訊應用大賽 15 歲組銀牌

▲ 2018 年台北市資通訊應用大賽高中職冠軍（連續三年）

▲ 2019 年參加俄羅斯亞太區機器人大賽，學生接受裁判面試

▲ 2019 年韓國 FIRA 機器人世界賽 14 歲冠軍 & 18 歲組亞軍

目次

單元 1	機構與傳動	1
單元 2	軸承與聯結器	17
單元 3	摩擦輪	27
單元 4	凸輪	35
單元 5	連桿機構	43
單元 6	雨刷	57
單元 7	弓式鋸床	65
單元 8	帶輪	77
單元 9	鏈輪	81
單元 10	齒輪與輪系	91
單元 11	電動車	107
單元 12	變速箱	118
單元 13	行星齒輪	129
單元 14	差速器	137
單元 15	攪拌器	145
單元 16	柵欄機	155
單元 17	旋轉展示台	161
單元 18	剪叉式升降機	169
單元 19	和木相處	177

本書的所使用的零件清單，請至 http://tkdbooks.com/PN040 下載

單元 1
機構與傳動

⚙ 學習目標

1. 能瞭解機件、機構與機械的定義
2. 能瞭解機件的種類
3. 能瞭解運動的傳達方式
4. 能藉由機件組合各式機構
5. 能有基本視圖與組裝出模型的能力

1 機件、機構與機械的定義

機構運動是動作的展現,要能充分表現創意,就必須對機件與簡易機械原理有基本的瞭解,我希望學生能透過這本書的範例,熟悉生活中常見的機構應用,把學習的經驗類比到生活中,未來不僅只是在組裝機器人,而是有「設計」的能力。

1 機件

是組成機械的單一零件,也就是最小單位稱為機件(Machine Part)。機件家族種類繁多,本書僅會提到書中所做出實驗模型中會用得到的機件,如齒輪、齒條、軸承、軸、連桿、凸輪、螺栓、鏈、銷、螺桿、螺母、彈簧等,如圖 1-2 所示,為各式齒輪、軸、軸承和連桿機件之實體圖。

圖 1-1　學生參加 FRC 機器人競賽設計的機構

圖 1-2　各式機件

在機構學中,機件常被視為剛體(Rigid body),在理想物體的概念之下,剛體係指一個物體在受到外力的作用後,兩點之間的距離不會改變,也就是不會產生形變。在機件原理所探討的物體,大都假設為剛體,但也有除外,如彈簧、鏈、皮帶、繩索等。

2 機構

是由兩個或兩個以上的機件所組成的系統,當其中一個機件開始運動時,會驅動另一個機件做出預期的相對或拘束運動,則此一系統稱為機構(Mechanism)。

如圖 1-3 中的齒輪傳動機構，當手轉動曲柄時，10 齒的小齒輪便會驅動 30 齒的齒輪旋轉，此系統就是一個機構。在生活中最常見的機構還有汽車的變速箱、引擎中的汽缸活塞等。

圖 1-3　齒輪傳動機構

機構在運動時，常會有摩擦、振動、慣性、死點…等現象發生，你們可以在機構運動時，發現這些現象的存在，並能從解決問題中，增加對機構的認識。

3 機械

由兩個或兩個以上的機構所組成的系統，和機構運動不同的地方，除了可做出預期和拘束運動外，能將輸入的能量（Energy）轉換成作功（Work），則此系統稱為機械（Machinery），如圖 1-4 的模擬工廠中的鑽床、銑床，以及圖 1-5 的車床。

圖 1-4　工作站中的各種機械

圖 1-5　車床是工廠中最常見的機械

2 機件的種類

機件的種類一般可分為下列四種:

1 固定類機件

在一個特定位置上支撐、固定或限制機件及機構運動的機件,稱為固定機件,如軸承、導路(Guide)等,如圖 1-6 所示。

圖 1-6　軸與軸承

2 活動類機件

指能在固定導路中繞固定軸旋轉的機件,稱為活動機件,如齒輪、皮帶輪、凸輪等,如圖 1-7 所示。

a. 齒輪　　　　　　　　　　　　b. 凸輪

圖 1-7　活動類機件

3 連接類機件

在機械中做為各機件中之連接,稱為連接機件,如螺栓、銷、鍵、鉚釘等,如圖 1-8 所示。

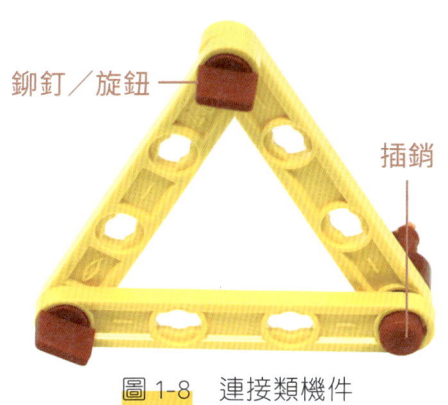

圖 1-8　連接類機件

在實際的連接機件運用中,圖 1-8 中的旋鈕及插銷,也常被鉚釘與螺栓所取代,如圖 1-9、圖 1-10 所示。

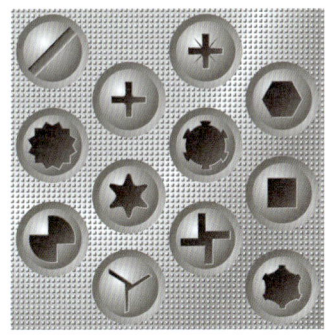

圖 1-9　鉚釘

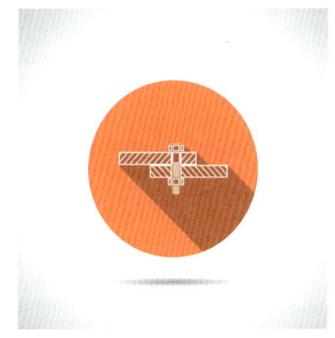

圖 1-10　螺栓

4 其他機件

凡不屬於固定類、活動類和連接類機件,都可以歸類在其他機件,如彈簧等控制機件,或管、閥等流體用機件,如圖 1-11 所示。

圖 1-11　其他機件

3 運動的傳達方式

1 接觸傳動

① 直接接觸傳動

直接接觸（Direct contact）傳動是指主動件和從動件之間，不藉由其他機件傳遞動力，如圖 1-12 所示。直接接觸，又可分為滾動接觸（Rolling contact），和滑動接觸（Sliding contact）兩種。兩個齒輪間的接觸是最常見的滾動接觸，汽缸內的活塞運動則是一種滑動接觸。

圖 1-12　直接接觸傳動

② 間接接觸傳動

間接接觸（Intermediate Contact）傳動是指主動件和從動件之間必須透過其他連接物才可以傳遞動力。連接物可分為三種：

A. 剛體連接（Rigid Connection）

能傳遞推力和拉力的連接物，如連桿機構中的浮桿，如圖 1-13 所示。

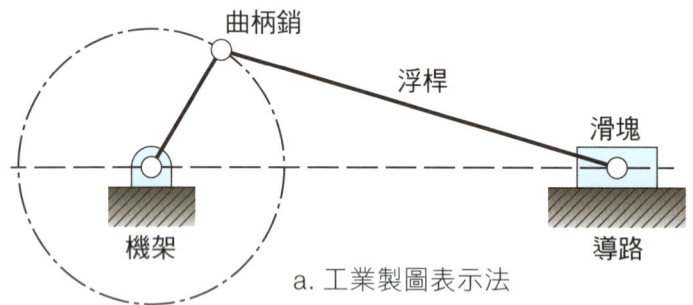

a. 工業製圖表示法

b. 模型示意圖

圖 1-13　剛體連接

B. 撓性體連接（Flexible Connection）

只能傳遞拉力但不能傳遞推力的連接物，如皮帶、繩索及鏈條等，如圖 1-14a 中的鏈條、圖 1-14b 的皮帶輪。

　　　　a. 鏈條　　　　　　　　　　　　　b. 皮帶輪

圖 1-14　撓性體連接

C. 流體連接（Fluid Connection）

把流體限制在密閉空間裡，利用泵產生高壓，進而產生推力，但不能產生拉力，如汽車的液壓油可以推動制動器；利用氣壓能打開公車門，如圖 1-15 所示。

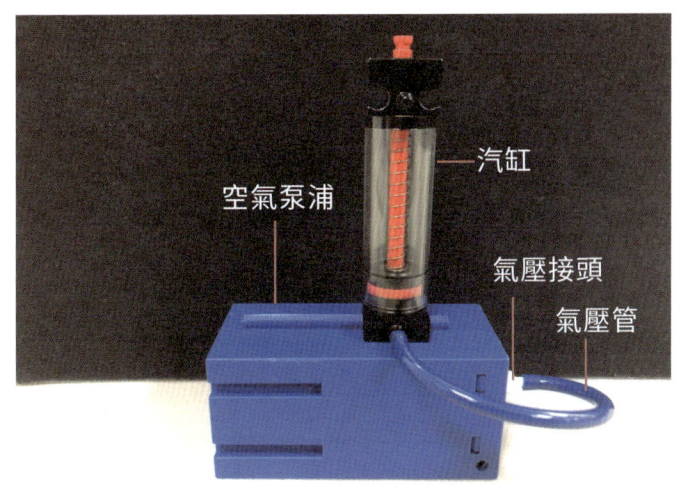

圖 1-15　流體連接

2 非接觸傳動

當主動件和從動件之間的傳動沒有相互接觸,而是透過電力或磁力等非接觸的方式來達到傳動,如圖 1-16 所示的磁浮高速火車。

圖 1-16　磁浮高速列車

4 機件原理常見的符號

在機件原理中,並不討論力的作用,而是聚焦在「運動」,所以機件的形狀和機件的配合情形可以用簡單的符號來表示,如表 1-1 所示。

表 1-1　機件原理中常用的符號

符號	名稱	說明
●	點	表示機件上的某一點。
○	樞紐、樞軸	表示兩機件間之接合點，其為一動點。
◉	固定軸	表示曲柄或搖桿的旋轉中心。
	曲柄或搖桿	表示一連桿在固定軸上旋轉或擺動。
	曲柄與樞軸	表示兩機件在樞軸上相接，A、B 桿可作旋轉或擺動。
	曲柄與樞軸	表示 A、B、C 三連桿可繞樞軸作旋轉或擺動。
	曲柄與樞軸	表示 B 桿於 A 桿之中央以銷連接，B 桿作旋轉或擺動。
	結構	表示四連桿結合在一體，彼此無相對運動。
	固定面	表示一固定面、固定桿或機架。
	滑塊與導路	表示滑塊 A 於導路 B（或平面 B）上作相對直線滑動。

5 簡易機械

一般而言,簡易機械(Simple Machines)有六種,可分成槓桿和斜面兩類。

1 槓桿類:槓桿、滑輪、輪軸(齒輪)

① 槓桿

槓桿是最常見的省力機械,依支點位置的不同可分成三類,本單元用支點在中間舉例(第一類槓桿),如圖 1-18 所示。

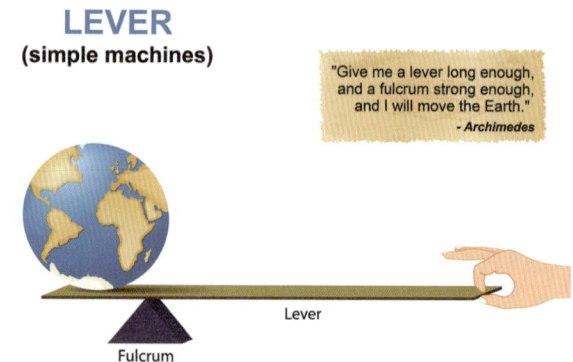

圖 1-17 槓桿原理示意圖

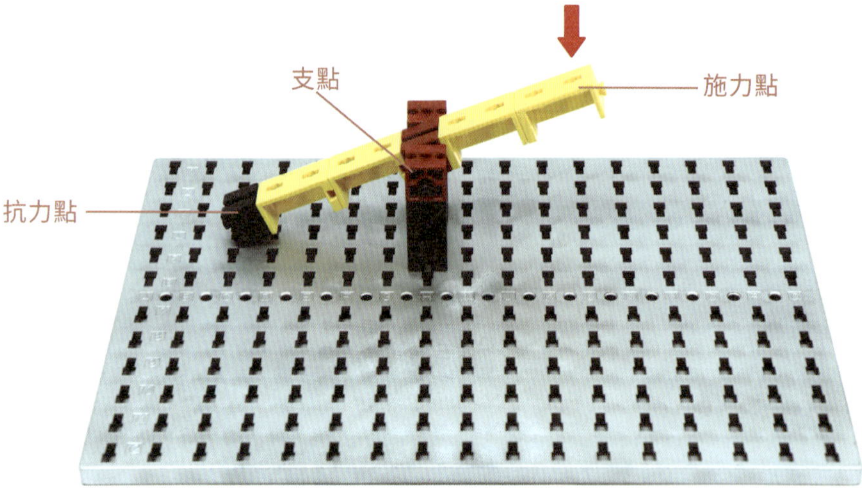

圖 1-18 槓桿原理模型組裝

推/挖土機常同時應用兩類以上的槓桿,可稱為「複合式槓桿」,如圖 1-19。

圖 1-19 複合式槓桿原理的應用

② 滑輪

　　滑輪是槓桿的應用,可分為定滑輪和動滑輪兩種,在生活當中,兩種滑輪常同時使用而形成滑輪組,如圖 1-21 所示。

▶ 圖 1-20　滑輪在生活上的應用

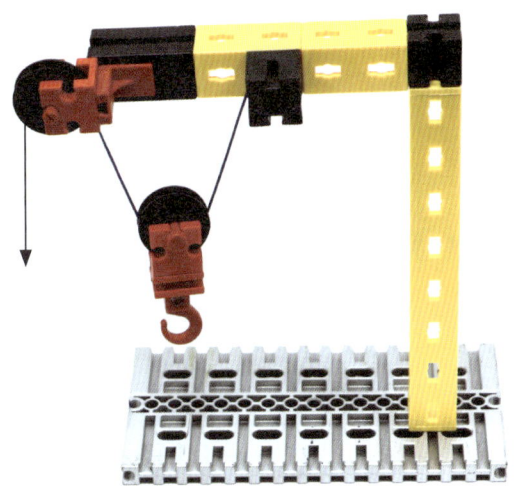

▶ 圖 1-21　滑輪應用模型

③ 輪軸

A. 輪軸

　　輪軸原理是槓桿的應用,施力於輪可以省力,常出現在曲柄的使用,如圖 1-22 所示。

▶ 圖 1-22　輪軸在生活上的應用

▶ 圖 1-23　輪軸應用模型

B. 齒輪

最常使用的直接傳動機構就是齒輪，由不同齒數的齒輪嚙合在一起，可以達到「傳動、改變方向、改變速度、改變力量」等功能，如圖 1-25 所示。

圖 1-24　齒輪

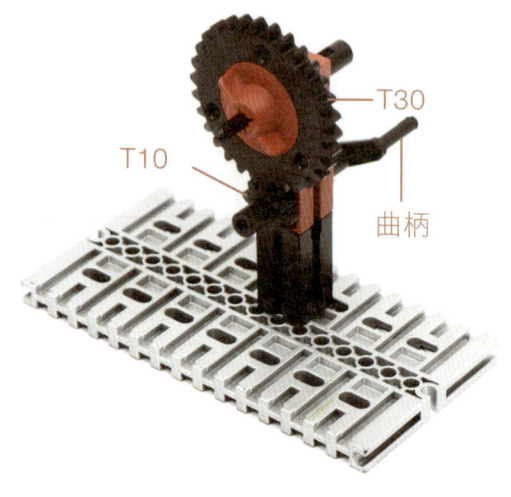

圖 1-25　齒輪傳動模型

2 斜面類：斜面、螺旋、楔面

① 斜面

斜面可分為線性和柱狀斜面兩種，可以達到省力之目的，如圖 1-27 所示。

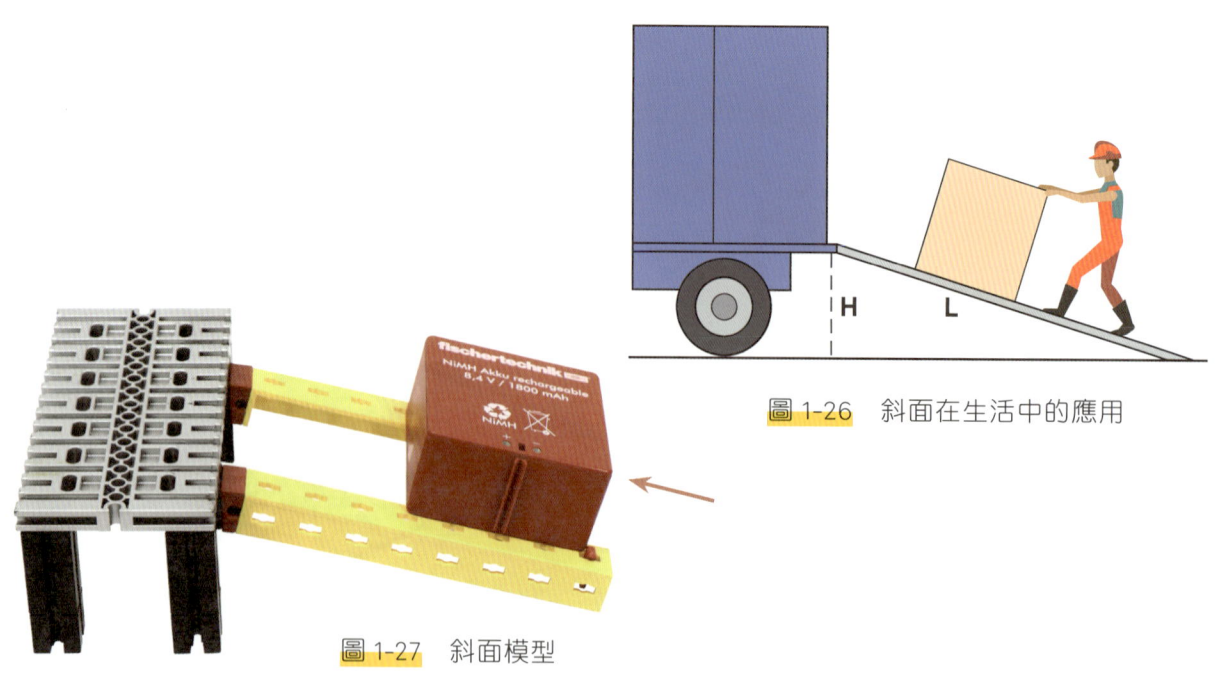

圖 1-26　斜面在生活中的應用

圖 1-27　斜面模型

② 螺旋

螺旋屬於柱狀斜面，是線性斜面的應用，如圖 1-28 所示。

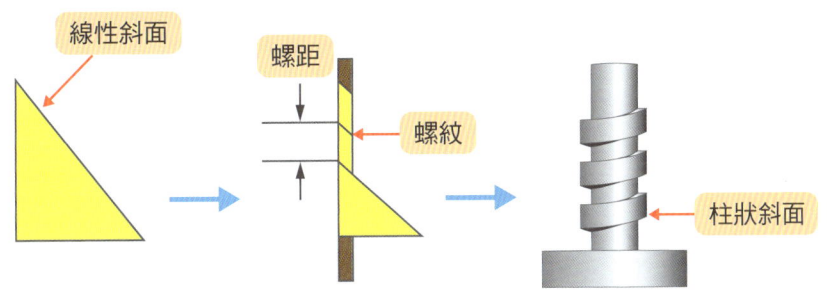

圖 1-28　螺旋和斜面的關係圖

蝸桿和蝸輪常在機構中配合使用，蝸桿的角色為主動輪（驅動輪），可達到省力和輸出轉速變慢的特色，如圖 1-29 所示。

圖 1-29　蝸桿和蝸輪的組合圖

在許多玩具使用的小馬達，其轉軸通常會做成螺旋狀（蝸桿），如圖 1-30 所示。因為馬達的轉速在無負載的情形下，每分鐘動則數千轉，但輸出扭力很小，此時需要搭配減速箱，目的在降速和增加扭力。工業應用上的馬達，在轉軸上安裝一個小齒輪，其功能也是為了能減速與增加扭力，克服一開始轉動的慣性，如圖 1-31 所示。

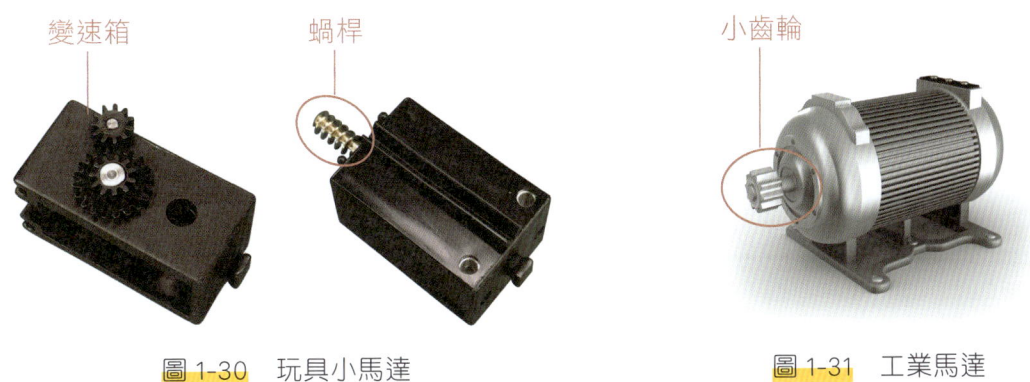

圖 1-30　玩具小馬達　　　　　　　　　　　　圖 1-31　工業馬達

3 楔面

形狀呈三角形，兩個側邊都是斜面，常見於刀具及古代的斧頭，當劈在木頭上時，側向壓力會把木頭撐開，如圖 1-32 所示。

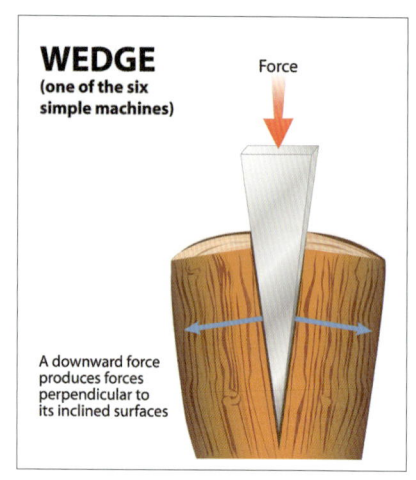

圖 1-32　斧頭

6 機件組裝方式

在本書中機件之間的組合方式有兩種，說明如下。

1 推力或拉力

把鍵用推的方式嵌入工程積木的凹槽內，做為固定或連結的功能，如圖 1-33 所示。

圖 1-33　使用推或拉固定及拆解零件

2 旋轉

使用旋轉的方式把軸夾緊，如圖 1-34 所示，把軸夾住的原理就像是鑽頭夾的應用，如圖 1-35 所示。

圖 1-34　使用旋轉的方法固定零件

圖 1-35　鑽頭夾

7 應用實例

本書內容的模型難度由淺入深，只要依序學習，便能熟悉各零件（機件）的使用方法，並應用在模型設計與組裝中，為之後的學習打下基礎。圖 1-36 中的高架倉儲，運用三軸機械手臂做物件的搬運，其中便有多種機構的應用。

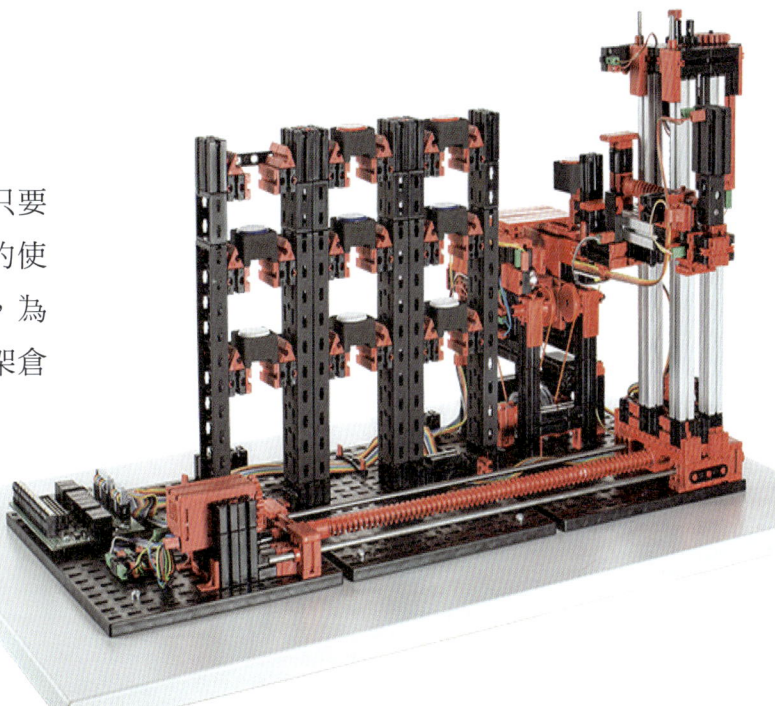

圖 1-36　高架倉儲

使用工程積木組裝的 3D 印表機，其中由步進馬達驅動齒輪、鏈條、蝸桿等傳動機構，使得噴嘴能精準地在三個軸向運動，如圖 1-37 所示。

圖 1-37　3D 印表機

單元 1 問題與討論

1. 為什麼制動器（煞車器）要使用液壓當作動力介質，而不是用氣壓呢？

2. 在玩具及工業馬達的轉軸上裝一個小齒輪的目的是什麼？

3. 請比較直接傳動和間接傳動的優缺點。

單元 2
軸承與聯結器

⚙ 學習目標

1. 能瞭解軸承與聯結器
2. 能應用工程積木製作萬向接頭傳動模型
3. 能觀察萬向接頭的傳動情形
4. 能運用零件延伸聯結器相關機構創作
5. 能設計工程實驗流程並歸納結果

1 認識軸承

軸承（Bearing）又稱為培林，在機械中做為固定機件，顧名思義，是支撐轉軸（Rotating axle）、引導及限制軸的運動，如圖 2-1 所示。在機構中，能傳達運動的機件稱為軸（Shaft），一根軸在做旋轉運動時，至少要有兩處軸承支撐，才能使得軸能順利轉動，不因力矩作用失去平衡，或產生震動。

圖 2-1　軸與軸承

軸承依受力方向可分為下列兩種：

1 徑向軸承

凡受力方向垂直於中心軸線者，稱之為徑向軸承（Radial bearing），如圖 2-2 的整體軸承，及圖 2-3 的對合軸承。

圖 2-2　整體軸承

圖 2-3　對合軸承

2 止推軸承

凡受力方向平行於中心軸線者,稱之為止推軸承(Radial bearing),如圖 2-4a 所示。環狀的部份可以抵抗軸向推力 F,如圖 2-4b 所示。常用在虎鉗內部構造,讓螺桿僅能在固定位置旋轉,使得鉗口做前後運動。

a. 實體圖

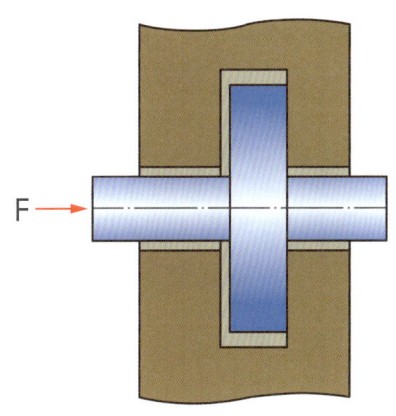
b. 示意圖

圖 2-4　止推軸承

圖 2-5　止推軸承常用在虎鉗

軸承依接觸方式可分為下列兩種:

1. **滑動軸承(Sliding bearing)**:凡以面接觸者,稱之為滑動軸承。
2. **滾動軸承(Rolling bearing)**:凡以點或線接觸者,稱之為滾動軸承。

以點或線接觸的軸承，轉動時摩擦阻力較小、噪音小，動力損失亦少，適合高速轉動，依接觸點型式，又可分為滾珠軸承（Ball bearing），如圖 2-6 所示，與滾子軸承（Roller bearing），如圖 2-7 所示。

圖 2-6　滾珠軸承

圖 2-7　滾子軸承

在使用工程積木時，常使用軸與軸承的結合方式有下列幾種，只要依照本書的範例練習，便能理解軸承的應用時機。

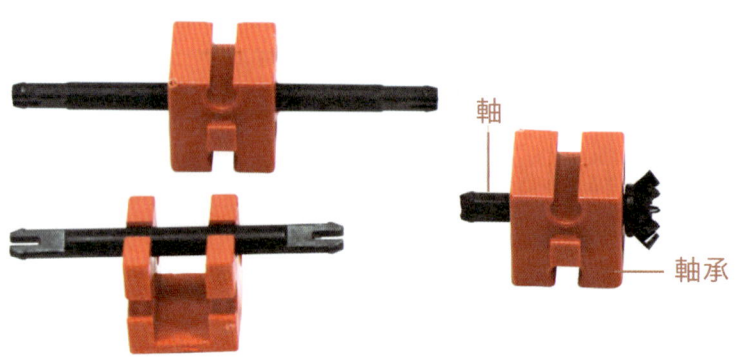

圖 2-8　軸與軸承

2　認識聯結器

軸的聯結機件可分為下列兩種：

1　聯結器

主動軸與從動軸間做永久性接合者，又稱為聯軸器，如圖 2-9 所示。軸在製造時，一般會先考量一體成型，但有下列情形，會使用聯結器（Coupling）。

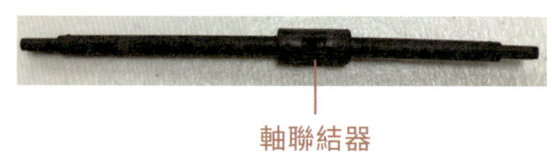

圖 2-9　軸與聯結器

1. **加工限制**：如果軸的長度太長，導致施工或搬運上的困難，則會把軸分段加工，結合時就會使用聯結器。
2. **兩段軸的轉速不同**：這種情形，則需使用撓性聯結器，如萬向接頭。
3. **轉換速度不同**：當傳動軸因速度轉換的需求時常使用，如汽車的離合器
4. **兩段傳動軸不在同一中心線上**：這種情形則需使用撓性聯結器，如歐丹連結器。

聯結器又因構造和功能不同，可分為下列兩種：

1. **剛性聯結器（Rigid coupling）**

用於低轉速，且兩軸在同一中心線上，不能有角度偏差及撓曲，如筒形聯結器或六角形聯結器，如圖 2-10 所示。

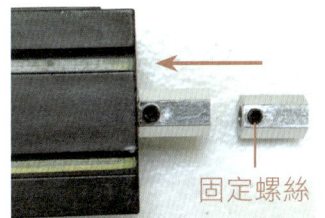

先把聯結器推入馬達軸內，再用六角扳手轉動螺絲，利用產生的正向力和軸固定在一起。

圖 2-10　六角形聯結器

2. **撓性聯結器（Flexible coupling）**

用於傳動軸旋轉時，角度有些微偏心，可吸收少許震動，如歐丹連結器（Oldham's coupling）、萬向接頭（Universal joint），如圖 2-11 所示。萬向接頭又稱十字接頭（Cross joint）或虎克接頭（Hooke's joint），若兩夾角愈大，角速比變化也愈大，這時會導致產生震動及旋轉困難，夾角以不超過 30° 較合適，5° 以下尤佳。

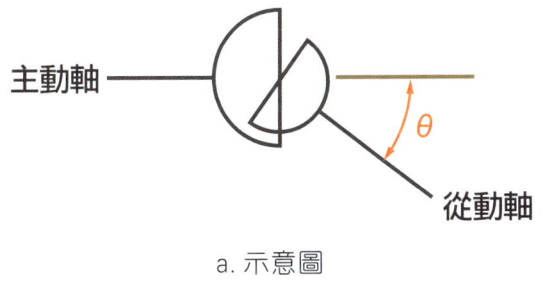

a. 示意圖

b. 萬向接頭實體圖

圖 2-11　萬向接頭

2 離合器

用於主動軸與從動軸間做間接性接合者。離合器（Clutch）主要的功能在結合與分離兩根旋轉軸，依構造和功能不同，可分為下列幾種：

1. 顎爪離合器（Jaw clutch）

兩軸需在停止轉動，或轉速相同的狀態才能順利結合，適合小動力傳動場合，圖 2-12 的斜爪離合器是其中一種。

圖 2-12　斜爪離合器

2. 摩擦離合器（Friction clutch）

係利用摩擦力來傳遞動力，其結合時產生的碰撞力道比較小，轉動會比較順，如果轉速過快時，接觸面會產生滑動現象，零件會被保護不致損壞，如圖 2-13 所示。

圖 2-13　摩擦離合器

3. 其他

利用液壓油為介質的流體離合器（Fluid clutch），及使用磁場作用原理的電磁離合器（Magnetic clutch），前者好處是起動緩和，後者優點是不需要用腳踩離合器踏板，用電路控制即可，使用方便，缺點是構造複雜。兩者多用於汽車的自動變速箱機構的自動離合器。

圖 2-14　電磁離合器

3 積木寫生─軸承與聯結器

請參考下列步驟,依序完成萬向接頭傳動模型製作。

Step 1

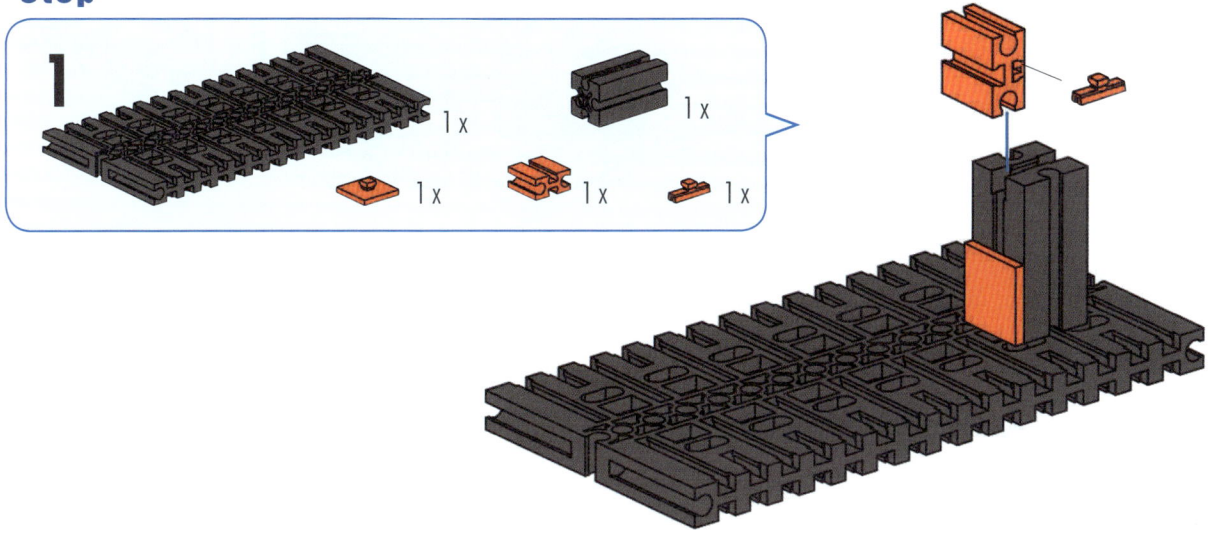

1x　1x
1x　1x　1x

Step 2

1x　2x
2x　30　1x　1x　1x

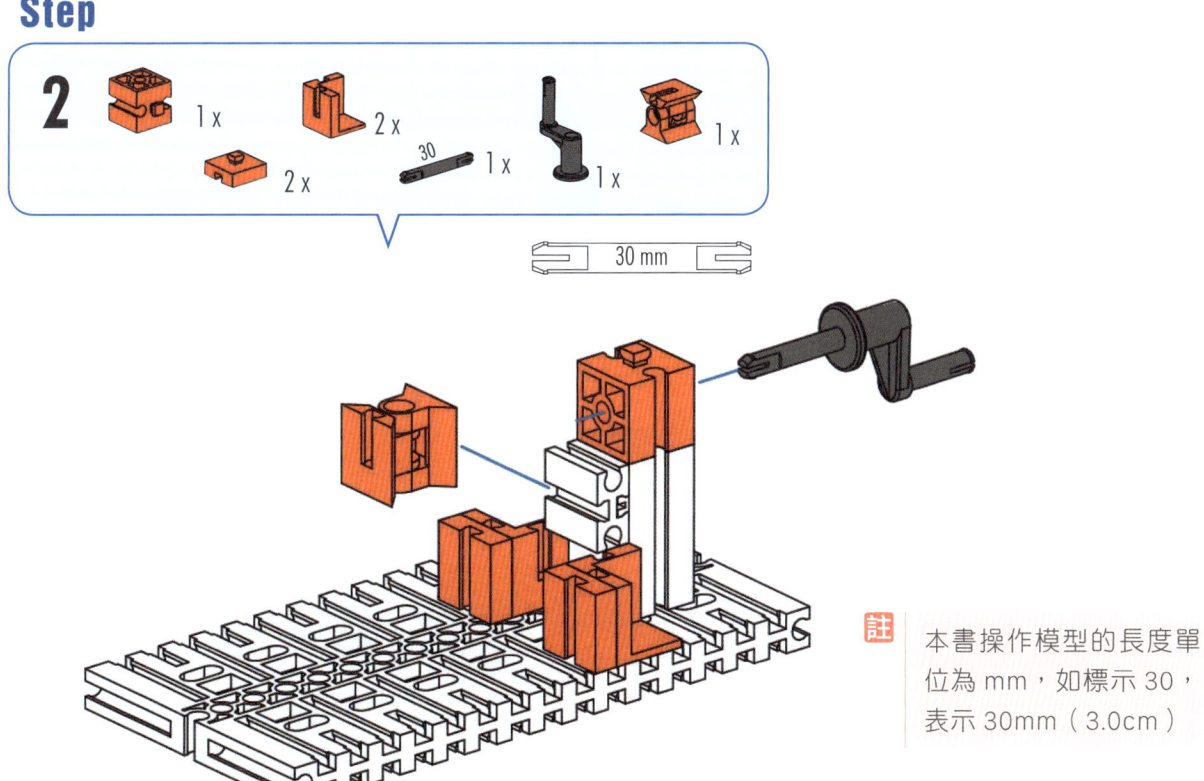

30 mm

註 本書操作模型的長度單位為 mm,如標示 30,表示 30mm(3.0cm)

24　孩子的第一本工程科學 II
　　—使用 fischertechnik 工程積木學習機構與設計實務

Step 3　1x　1x　1x　1x

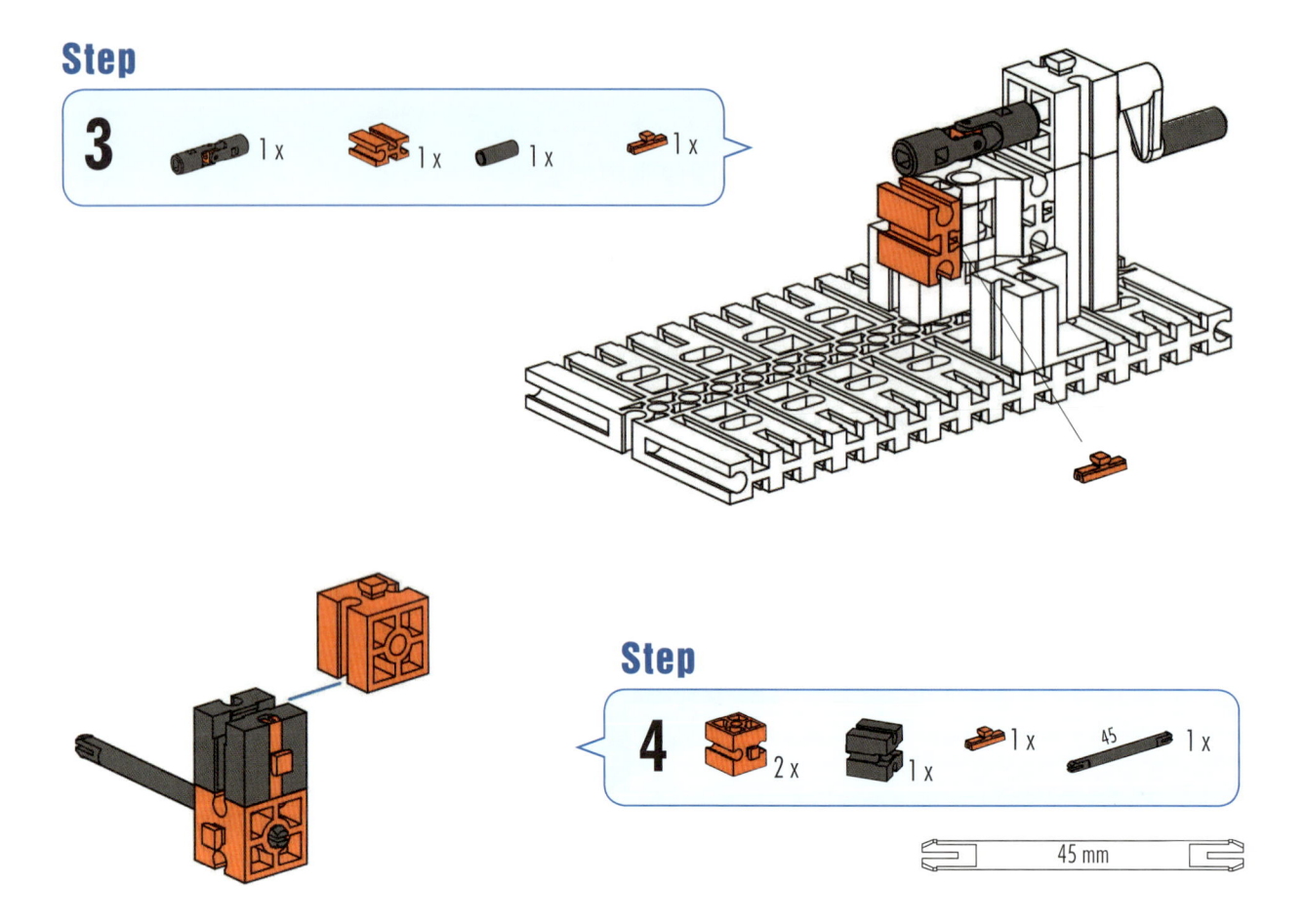

Step 4　2x　1x　1x　45　1x

45 mm

Step 5　30　1x　1x　30　1x　1x　1x

30 mm

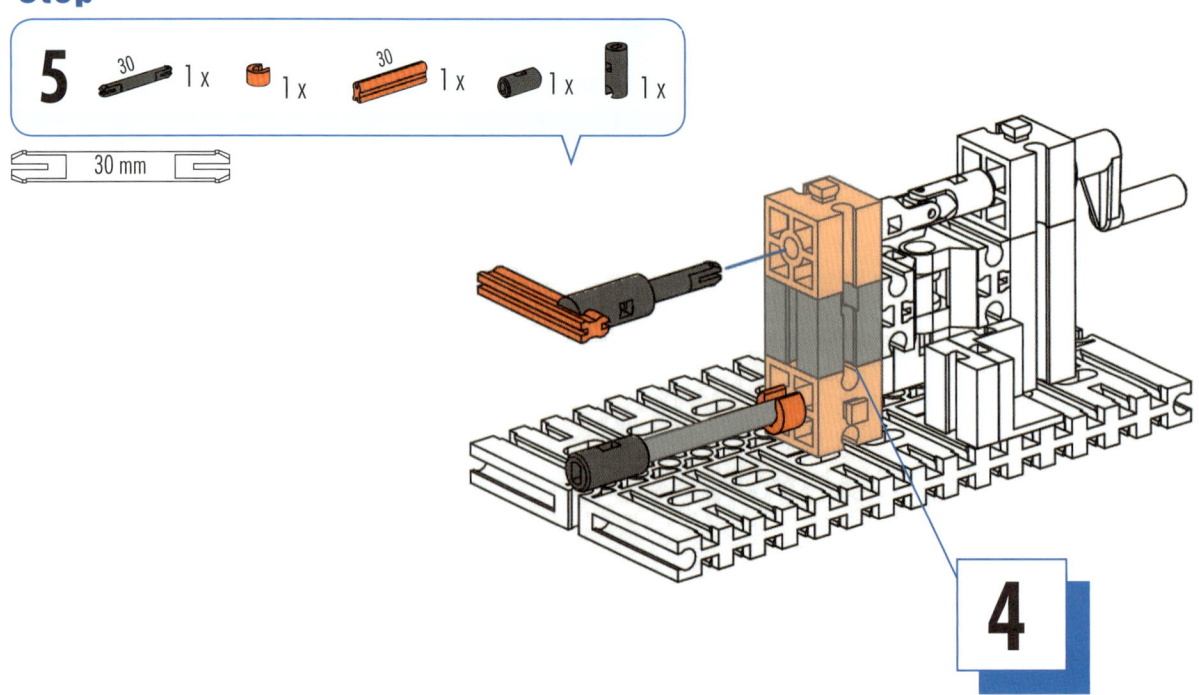

4

圖 2-15　萬向接頭傳動模型

4　工程實驗

1. 調整圖中萬向接頭聯結器的角度，當角度大到某一個臨界值時，從動軸便無法順利轉動，當出現卡卡（轉動不順）的感覺時，請用量角器記錄當時的角度。

運動狀態	角度（°）
轉動不順	
完全無法轉動	

2. 請利用你的工程積木搭配生活素材，設計一個摩擦離合器的模擬機構，當轉動的物體接觸另一靜止的物體後，靜止的物體會被帶動一起旋轉。沒有標準範例，可以用任何材料及零組件完成製作。

5　實驗結果

1. 請依實驗結果為主。
2. 請自行想像完成創作。

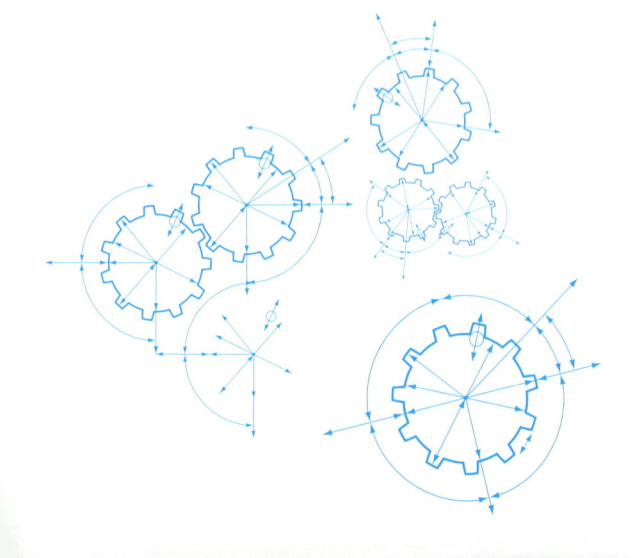

單元 3
摩擦輪

⚙ 學習目標

1. 能瞭解摩擦輪機構
2. 能應用工程積木製作摩擦輪傳動模型
3. 能觀察摩擦輪的傳動情形
4. 能運用零件延伸摩擦輪相關機構創作
5. 能設計工程實驗流程並歸納結果

1 認識摩擦輪

1 摩擦輪的功能

透過摩擦力把一輪轉動的力量傳遞給另一輪也產生轉動，這種傳動機件稱為摩擦輪（Friction wheel）。利用兩輪接觸產生的摩擦力達到傳動之目的，稱為摩擦輪原理。

古代人使用鑽木取火，如圖 3-1 所示，早期馬車上的煞車機構，如圖 3-2 所示，這些都是摩擦力的應用。

圖 3-1　鑽木取火　　　　圖 3-2　利用摩擦力作用的煞車塊

通常摩擦輪使用鑄鐵製作而成，在主動輪表面包覆耐磨橡皮、皮革、木材纖維等軟性材料，從動輪表面可以不須包覆任何材料。因兩輪之間為線接觸，傳動時難免會有打滑現象發生，所以適合輕負載、速度快，且不須精確的轉速比場合，缺點是輪面會因摩擦力作用，容易造成接觸面磨損。

a. 光滑摩擦輪　　　　b. 裝了橡膠皮的摩擦輪

圖 3-3　摩擦輪

2 摩擦輪傳動功率

摩擦輪之傳動功率與輪面間的摩擦力成正比,摩擦力大小和正向力與摩擦係數有關。圖 3-4 所示為一組摩擦輪傳動機構,若輪 1 為主動輪、輪 2 為從動輪、P 為兩輪接觸點,設 F 為正壓力、μ 為兩輪間之摩擦係數,在接觸處 P 作兩輪軸心連線之垂直切線,即為兩輪之接觸摩擦力的方向,而其大小由摩擦定律 $f = \mu F$ 可得。各種材質有不同的摩擦係數,這些數據可由實驗而得,表 3-1 僅列部分接觸材料摩擦係數的值,機構工程師在設計摩擦輪時,可查技術手冊得知不同材質之間的摩擦係數。

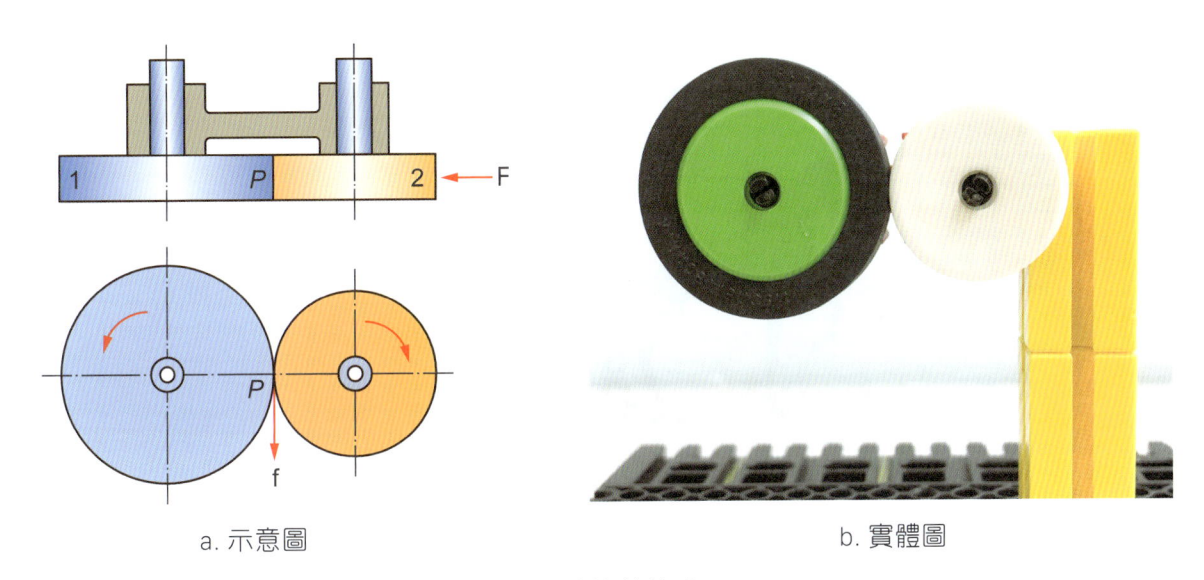

a. 示意圖　　b. 實體圖

圖 3-4　摩擦輪傳動

表 3-1　接觸材料之間的摩擦係數

接觸材料	表面狀況	摩擦係數 動摩擦	摩擦係數 靜摩擦
皮革與鑄鐵	乾	0.56	0.62
皮革與木材	乾	0.3～0.5	0.5～0.6
鑄鐵與木材	溼	0.22	0.5～0.8
鑄鐵與木材	塗滑脂	0.19	0.16

在一組摩擦輪傳動中,若主動輪與從動輪間為純滾動接觸,則傳遞之功率可根據下列公式計算。設摩擦輪每分鐘之迴轉數為 N、直徑為 D(公尺)、正壓力為 F(牛頓)、摩擦力為 f(牛頓)、表面之切線速度為 V(公尺/秒)、傳動功率為 P(kW)、傳動馬力為 PS,則:

摩擦輪傳動功率為 P = fV = μFV，其功率 P 為：

公式 14-1
$$P = \mu F \times \frac{\pi DN}{60}$$

公制馬力（PS）又叫米制馬力，最早在德國使用，即德語 Pferde（馬）及 Starke（力）的合稱。PS 是指 1 匹馬在 1 秒鐘內把 75 公斤的物體拉高 1 公尺所作的功，如圖 3-5 所示。1 英制馬力（Horse Power, HP）= 746W，比公制馬力大一點。

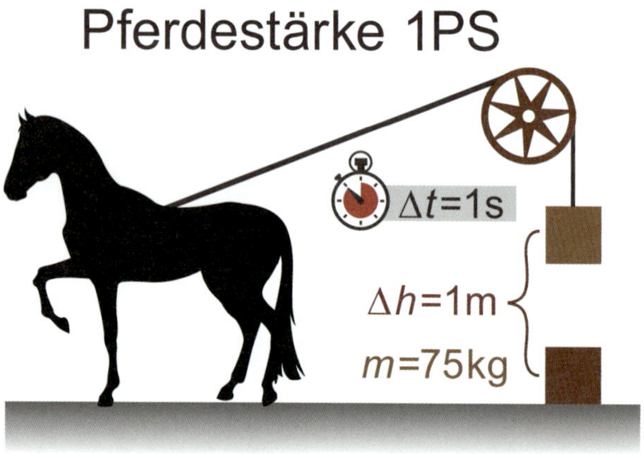

圖 3-5　1 公制馬力計算示意圖

因 1PS = 75kg-m/sec = 4500kg-m/min = 735W = 0.986HP，則馬力 PS 為：

公式 14-2
$$PS = \frac{\mu F \times \pi DN}{735 \times 60}$$

3 摩擦輪構造與速比

圓柱形摩擦輪（Cylindrical friction wheel）之兩條軸線會在同一平面上，且相互平行，依兩軸旋轉方向，可分為外接圓柱形與內接圓柱形摩擦輪兩種。本書僅就外接圓柱形做討論。

如圖 3-6 所示，設輪 1 為主動輪，固定於 S_1 軸上；輪 2 為從動輪，固定於 S_2 軸上，兩輪並固定在同一機架上，且外緣相互接觸，兩輪之中心距為兩輪之半徑和，若兩輪相接於 P 點處，且無滑動發生作純滾動接觸，則輪 1 和輪 2 兩輪面接觸處的切線速度必相等，迴轉方向相反。

a. 示意圖　　　　　　　　　　　　　　　b. 實體圖

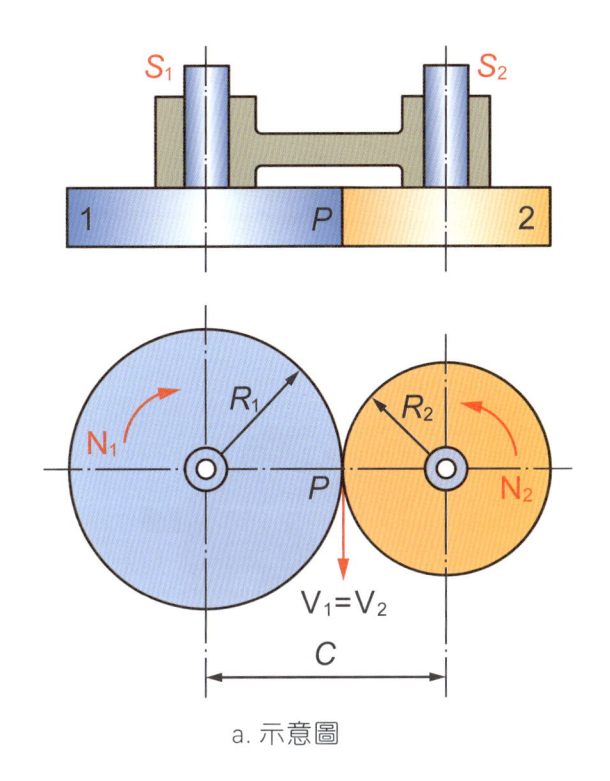

圖 3-6　外接摩擦輪傳動

在圖 3-6a 中，R_1 為輪 1 半徑，每分鐘轉速為 N_1；R_2 為輪 2 半徑，每分鐘轉速為 N_2，C 為兩圓柱形摩擦輪中心距離，因輪 1 的切線速度 $V_1 = 2\pi R_1 N_1$，輪 2 的切線速度 $V_2 = 2\pi R_2 N_2$，且兩輪之間為純滾動接觸，因：$V_1 = V_2$，所以：

$2\pi R_1 N_1 = 2\pi R_2 N_2$

公式 14-3
$$\begin{cases} \dfrac{N_1}{N_2} = \dfrac{R_2}{R_1} \\ C = R_1 + R_2 \end{cases}$$

由上式得知，在純滾動（無滑動）情形下，兩摩擦輪的轉速與半徑成反比。如果學習對象是國中或國小學生，是可以忽略摩擦輪的功率及轉速輸出計算，只要能知道與應用摩擦輪原理即可。

2 積木寫生

請參考圖 3-7a、圖 3-7b 及圖 3-7c 的模型範例，依序完成摩擦輪傳動機構，你也可以自行改變造型，或在輪面包覆不同材質的材料，如橡皮筋、止滑墊等，觀察與比較其效果。

光滑輪面　　　　　　　橡膠輪面　　　　　　　橡膠輪面

曲柄

a. 光滑摩擦輪傳動模型　　b. 膠皮摩擦輪傳動模型　　c. 膠皮摩擦輪傳動模型

圖 3-7　不同表面摩擦係數傳動模型

3 工程實驗

1. 把圖 3-7a 與圖 3-7c 的模型，在曲柄處改為馬達驅動，比較 a 和 c 哪一個傳動效果比較好？

2. 右圖中是一個棒球發球機，請使用兩個馬達及兩個輪子設計出一座發球機，並使用乒乓球代替棒球，最後並能改良球發射出去的運動軌跡是變化球，能讓球的軌跡為曲線的原理是什麼？

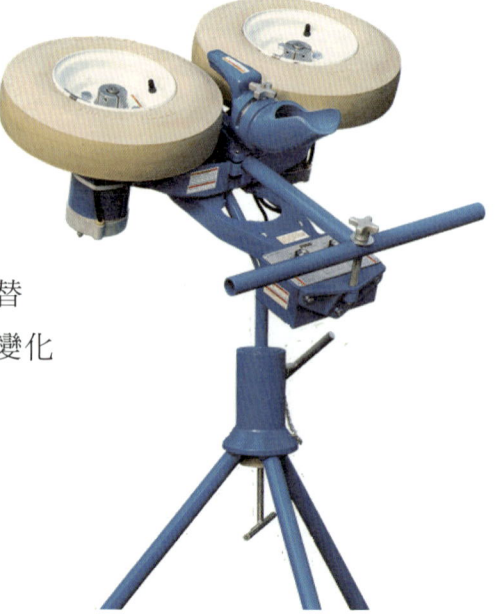

3. 提供下圖遊樂園海盜船上下擺盪的能量，和纜車進站時煞車，出發瞬間的力量都會運用到摩擦傳動。你可以自我挑戰看看，是否能用工程積木完成製作，如果零件不足，可以配合 3D 列印或生活素材完成。

4 實驗結果

1. 結果會因摩擦輪之間的正向力、摩擦係數影響實驗結果，請依你自己的實驗結果為主。

2. 兩個馬達轉速的不同。

3. 請自行想像完成。

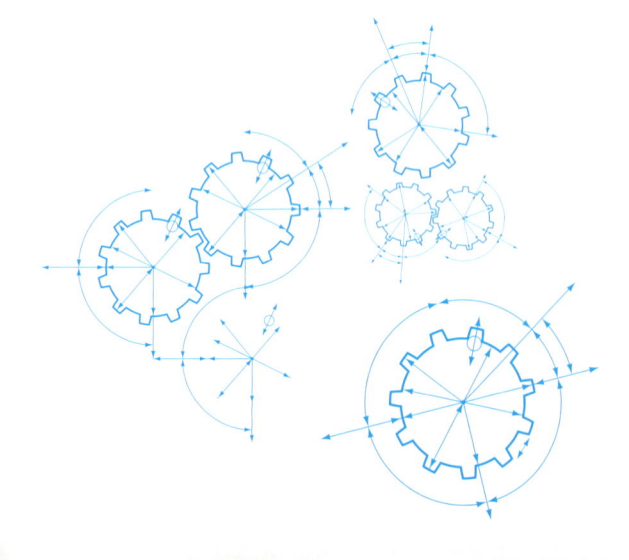

單元 4
凸輪

學習目標

1. 能瞭解凸輪機構
2. 能應用工程積木製作凸輪傳動模型
3. 能觀察凸輪的傳動情形
4. 能運用零件延伸凸輪相關機構創作
5. 能設計工程實驗流程並歸納結果

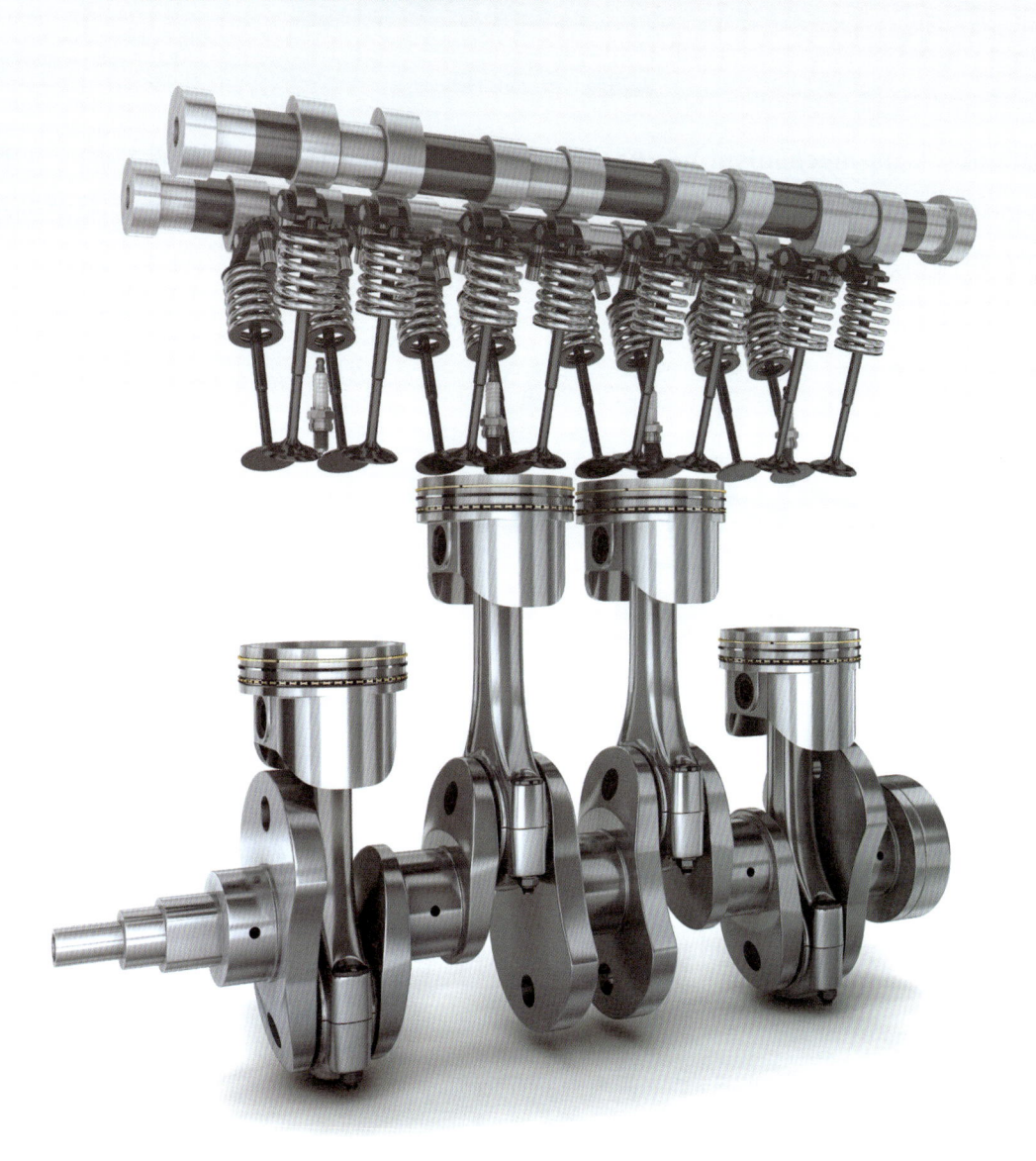

1 認識凸輪─凸輪的功能

凡在圓柱、圓錐、平板或其他機件上，藉由曲線之周緣或凹槽，透過迴轉的動力，使從動件產生預期的動作，這個機件稱為凸輪（Cam），如圖 4-1 所示。

圖 4-1　各式凸輪

凸輪機構（Cam mechanism）一般是由凸輪、從動件和機架三個構件組成，因體積小、構造簡單，而且能控制輸出的規律狀態，被廣泛應用於各種自動化，和半自動化機械裝置中，如汽車之曲柄軸及汽缸控制閥等，如圖 4-2、圖 4-3 所示。

圖 4-2　曲柄軸

圖 4-3　汽缸內部的凸輪機構

2 凸輪種類、構造與速比

凸輪機構（Cam mechanism）可依按照凸輪構造和從動件的形狀、運動形式，分為平面凸輪與立體凸輪。

1 平面凸輪

① 平板凸輪（Plate cam）

又稱板形凸輪，如圖 4-4 所示。其具有周緣曲線之平板，當繞固定軸轉動時，從動件做往復直線運動，運動方向與凸輪軸心軸垂直。因設計簡單，被廣泛用於控制汽缸內氣閥開啟與關閉。

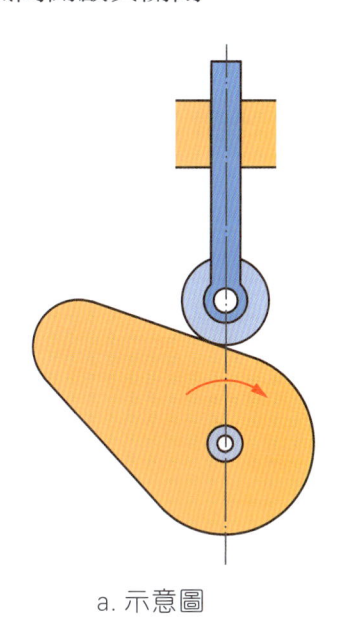

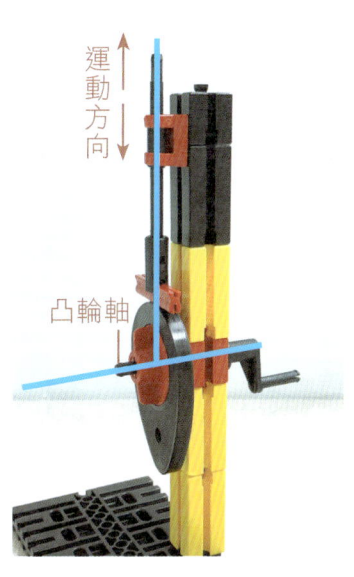

a. 示意圖　　　　　　b. 實體圖

圖 4-4　平板凸輪

② 平移凸輪（Translation cam）

又稱滑動凸輪，如圖 4-5 所示。其可視為基圓無限大之平板凸輪，當平移凸輪左右做往復式運動時，從動件做上下往復式運動，早期用於蒸汽機汽瓣機構。

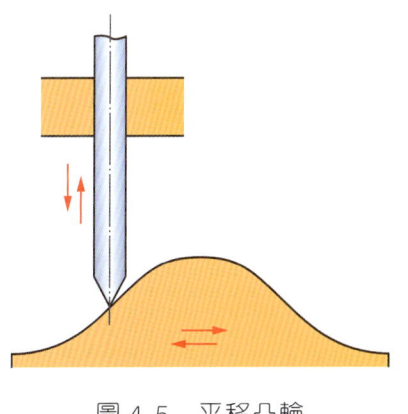

圖 4-5　平移凸輪

2 立體凸輪

　　此類型凸輪之從動件動路為一空間曲線，圖 4-6 的圓柱凸輪便是應用實例之一，其具有周緣曲線之圓柱。當其繞固定軸旋轉時，從動件會做往復直線直動，運動方向與凸輪軸心線平行，其他還有球形凸輪，如圖 4-7；圓錐形凸輪，如圖 4-8；端面凸輪，如圖 4-9 所示等。

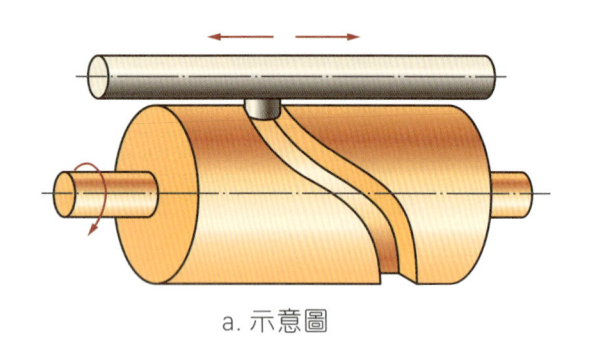

a. 示意圖　　　　　　　　　　b. 實體圖

圖 4-6　圓柱凸輪

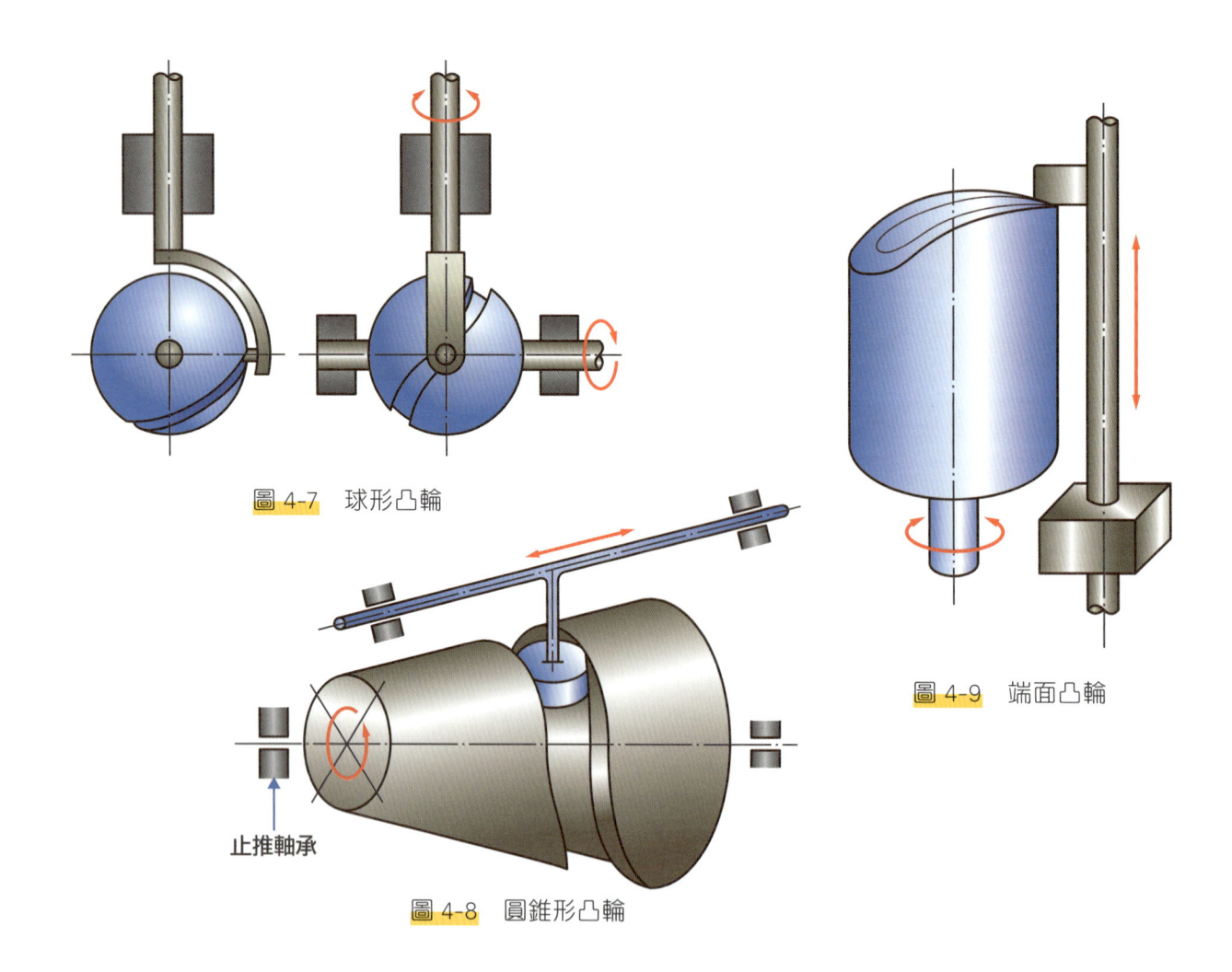

圖 4-7　球形凸輪

止推軸承

圖 4-8　圓錐形凸輪

圖 4-9　端面凸輪

3 凸輪與從動件接觸方式

一般的凸輪有滑動接觸及滾動接觸兩種，大多使用滾動接觸來傳動，滑動接觸用於從動機件移動距離小、負荷輕的地方。其分類及敘述如下：

1 滑動接觸

① 尖狀從動件（Point follower）

從動件傳動時會產生的摩擦力比較大，故適合低轉速、負荷輕之傳動。

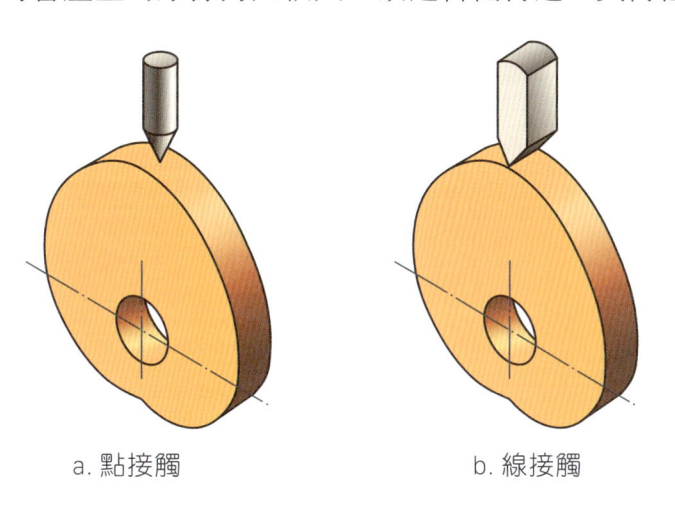

a. 點接觸　　　　　　b. 線接觸

圖 4-7　尖狀從動件

② 平板傳動件（Flat follower）

接觸情形為線接觸，適合從動件移動距小之處，如圖 4-8 所示。

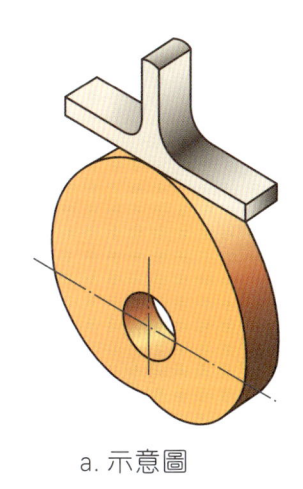

a. 示意圖　　　　　　b. 實體圖

圖 4-8　平板從動件

2 滾動接觸

為線接觸之滾子從動件（Roller follower），因接觸產生的摩擦力比滑動接觸小很多，故可用在高速傳動，如圖 4-9 所示。

a. 示意圖　　　　　b. 實體圖　　　　　c. 實體圖

圖 4-9　滾子從動件

4 積木寫生─凸輪

請參考圖中的模型範例，依序完成凸輪傳動模型，你也可以利用其他工程積木，創造其他造型，如使用滾子從動件。

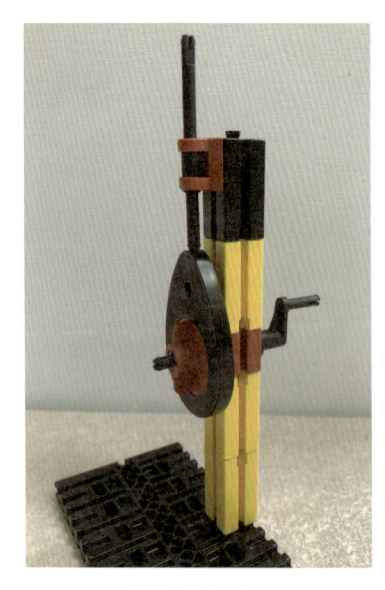

a. 尖狀從動件 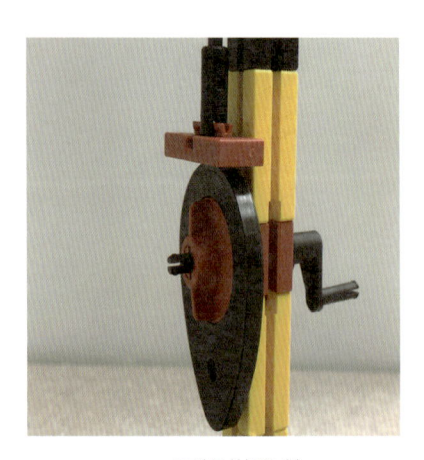　　　　　b. 平板從動件

圖 4-10　凸輪與從動件傳動模型

5 工程實驗

1. 利用凸輪旋轉時產生的向下壓力，結合槓桿原理，設計一個搗物機。需注意支點的位置，及配重的應用。

2. 使用凸輪與圓形平板從動件組合，當凸輪轉動時，從動件能順時針旋轉，如何能使轉動效果更好呢？

6 實驗結果

1. 作品參考範例如下圖所示。

2. 可自行先思考並創作，或參考單元 19 p.180 圖 19-5a 中的範例。

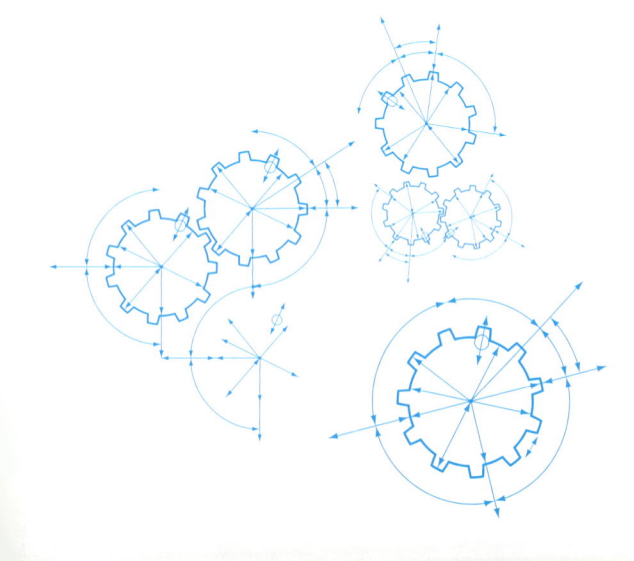

孩子的第一本工程科學 II
—使用 fischertechnik 工程積木學習機構與設計實務

單元 5
連桿機構

⚙ 學習目標

1. 能瞭解連桿機構
2. 能應用工程積木製作連桿傳動模型
3. 能觀察連桿的傳動情形
4. 能運用零件延伸連桿相關機構創作
5. 能設計工程實驗流程並歸納結果

1 認識連桿機構

在機構中,凡是能傳達動力,而且彼此能產生約束運動的剛體機件,稱為連桿（Link）,由多根連桿組成的機構稱為連桿組（Linkage）。

四連桿是應用最多的連桿機構,如圖 5-1 所示。在四連桿機構中,使用運動對的特性,及各連桿的長度成比例,發揮預期的相對運動,其不能產生運動,稱為結構（Structure）。複雜的連桿機構由兩個或兩個以上的四連桿機構所構成,其可以分成四連桿機構及滑塊連桿機構兩種。

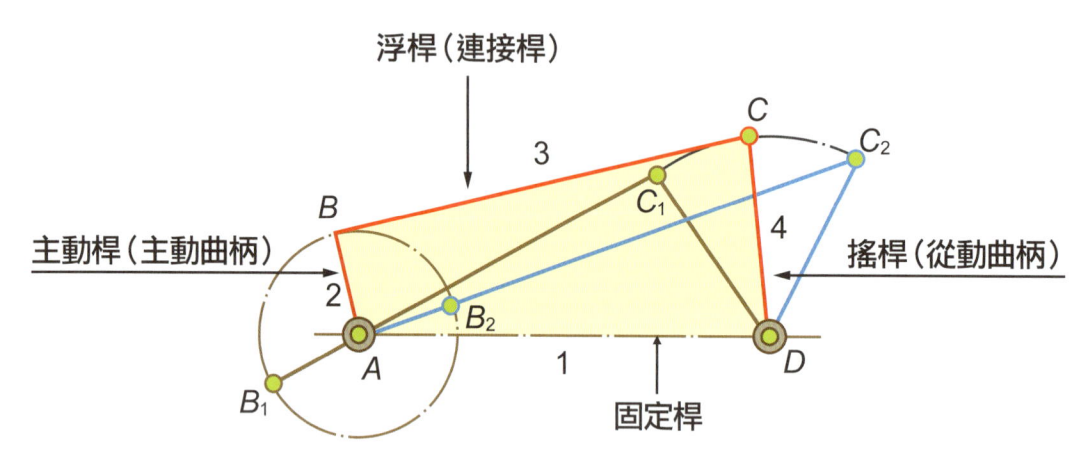

圖 5-1　四連桿機構各部位名稱

1 桿件名稱

任何能傳達動力的連桿機構至少要有四根連桿組成,如圖 5-1 所示。A、D 為固定軸,連桿 AD 為固定桿,連桿 AB 及連桿 CD 分別透過連桿 BC 傳達動力,分別繞 A、D 迴轉或搖擺。連桿各部位名稱如下所述:

① **曲柄**:能繞固定軸做 360°迴轉之機件,稱為曲柄（Crank）,如圖中連桿 AB,此為主動桿,又稱為主動曲柄。

② **搖桿**:能繞固定軸做擺動之機件,稱為搖桿（Rocker）,如圖中連桿 CD,此為搖桿,又稱為從動曲柄。

③ **浮桿**:當主動桿與從動桿相互間透過浮桿傳達動力時,其位置隨時在改變,故稱為浮桿（Floating link）,亦稱為連接桿,如圖中連桿 BC。

④ **固定桿**：為一連接兩固定軸之連桿，不做任何運動，稱為固定桿（Fixed link）或機架，如圖中連桿 AD，做為固定與支撐整個連桿機構。

在連桿機構中，使用銷來固定連桿與曲柄，如圖 5-2 所示。

圖 5-2　連桿應用實體圖

2 死點

在四連桿機構中，當從動曲柄與浮桿連成一直線時，此時浮桿傳達的推力或拉力只會通過曲柄之軸心，使得曲柄無法受力作用而繞其軸心迴轉，此位置稱死點（Dead point）。由圖 5-3 可以發現，從動曲柄迴轉一圈時會有上下兩個死點位置發生，如圖 5-3 所示，也就是 ABC 成一直線（上死點），及 BAC 成一直線（下死點），遇到死點時，可在曲柄軸加裝飛輪，利用旋轉時產生的慣性克服死點。

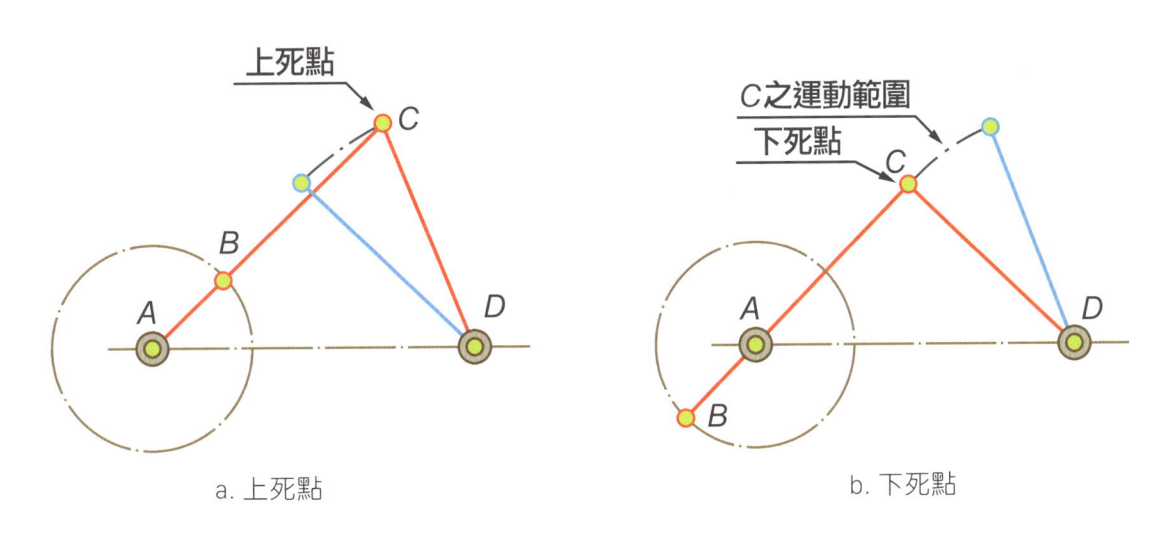

a. 上死點　　　　　　b. 下死點

圖 5-3　四連桿機構死點位置

2 四連桿機構的種類及應用

四連桿機構是最基礎的連桿機構，常被應用於機械傳動，如圖 5-4a 所示。若要構成一個完整的四連桿機構必須符合下列條件，也就是任三邊和必大於第四邊。

1. AB ＋ AD ＋ CD ＞ BC
2. AB ＋ BC ＋ CD ＞ AD

此機構有三種型態的應用，內容說明分別如下：

1 曲柄搖桿機構

如圖 5-4 所示的四連桿機構，當連桿 AB 繞軸心做 360°迴轉，連桿 CD 做搖擺運動，稱為曲柄搖桿機構（Crank and rocker mechanism）。

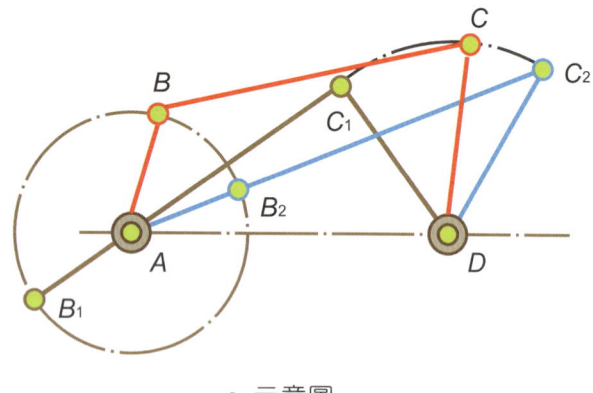

a. 示意圖 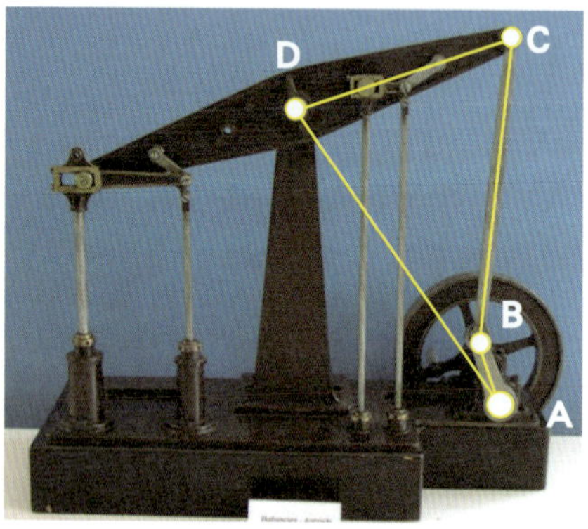　　　　　　　　　　　　　　b. 實體圖

圖 5-4　曲柄搖桿機構

在曲柄搖桿機構中，各桿件長度會符合下列條件：

1. AB ＜ CD（曲柄長度小於搖桿長度）。
2. AB ＋ BC － CD ＜ AD（由△ AC$_2$D 得知）。
3. BC － AB ＋ CD ＞ AD（由△ AC$_1$D 得知）。

如圖 5-5 所示，由 ABCD 四點所組成的機構即為曲柄搖桿機構，腳踏車和縫紉機是生活應用的實例，其中 AB 為曲柄，大腿 CD 表示做上下擺動的搖桿，機架 AD 為固定桿。

a. 腳踏車 　　　　　　　　　　　　　　b. 縫紉機

圖 5-5　四連桿機構應用

2 雙搖桿機構

如圖 5-6 所示，BC 為浮桿、AB 及 CD 為搖桿，搖桿只會在 B_1 與 B_2 之間的弧線擺動，CD 搖桿只會在 C_1 與 C_2 間的弧線之間擺動，而且搖桿在運動時，會有左右兩個死點（左死點：當 DCB 成一直線時；右死點：ABC 成一直線時），此機構稱之為雙搖桿機構（Double rocker mechanism）。

在雙搖桿機構中，各桿件長度會有下列條件：
(1) BC ＜ AD（浮桿長度小於固定桿長度）
(2) AB ＋ BC － CD＜AD（由△ AC_1D 得知）
(3) BC ＋ CD － AD＜AB（由△ AB_2D 得知）

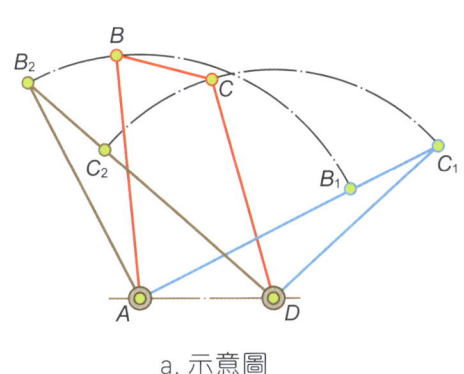

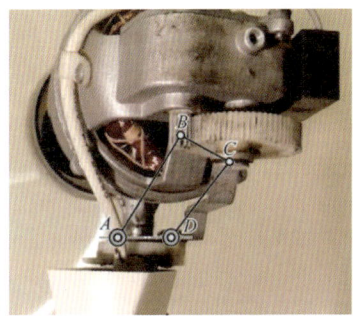

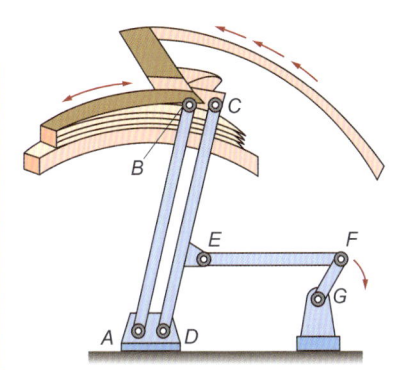

a. 示意圖　　b. 電風扇擺頭　　c. 自動摺布機

圖 5-6　雙搖機構應用

3 雙曲柄機構

如圖 5-7 所示，BC 為浮桿，AB 為主動曲柄，作等角速運動，CD 為從動曲柄，作變角速度運動，藉由 C 點的軸銷連接連桿 CE，再接上一個滑塊。運動時插床溜座作往復式直線運動，切削行程比較慢，回程較快，這樣除了可以節省時間，加工也比較安全。其中 AD 為固定桿件，長度最短，這便是雙曲柄機構（Double crank mechanism）之應用。

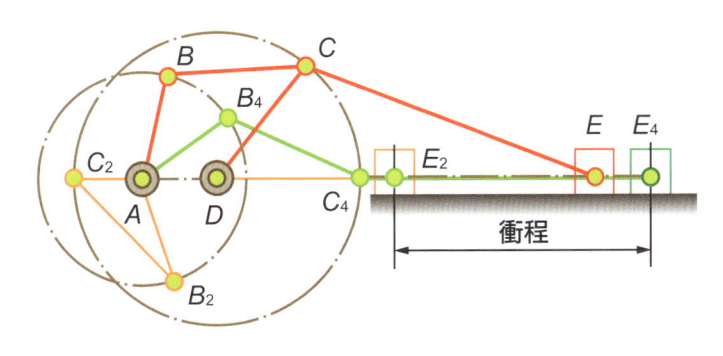

圖 5-7　插床急回機構

4 其他四連桿機構

① 平行相等曲柄

如圖 5-8 所示，若雙曲柄機構 AB 與 CD 兩個曲柄等長，而且相互平行，稱為平行相等曲柄機構（Parallel equal crank mechanism）。此四連桿機構之位置在任何時刻均能保持平行四邊形，同時曲柄 AB 與 CD 之旋轉方向，及角度亦能時時保持一致，此時兩曲柄之角速度亦相等。

a. 示意圖　　　　　　　　　　b. 實體圖

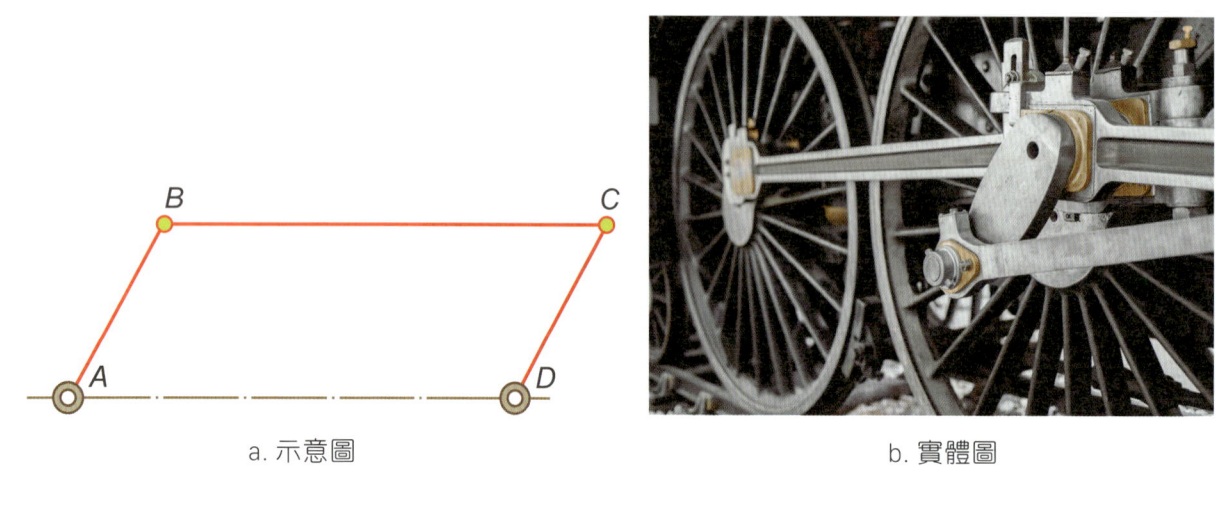

圖 5-8　平行相等連桿機構

平行尺、檯燈支架、勞伯佛天秤等，這些都是平行相等曲柄機構的應用。

圖 5-9　檯燈　　　　　　　　圖 5-10　勞伯佛天秤

② 非平行相等曲柄

圖 5-11 為一非平行相等曲柄機構（Non parallel equal crank mechanism），曲柄 AB 與曲柄 CD 等長，但浮桿 BC 較固定軸心連線 AD 短。此機構常用汽車轉向系統。

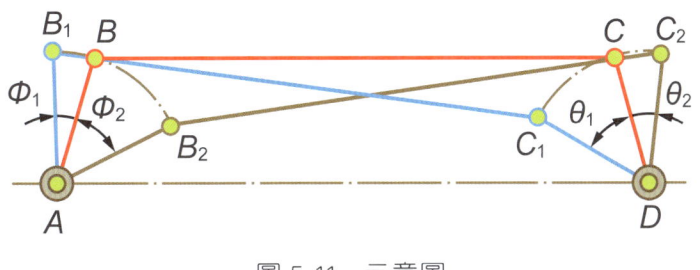

圖 5-11　示意圖

當汽車直行時，兩車輪平行且左輪與右輪角度相等，如圖 5-12 所示；汽車若向右轉時，右輪所轉之角度則較左輪為大，如圖 5-13b 所示。由上可知汽車轉彎時，內側角度恆較外側角度大。

圖 5-12　車輪直行

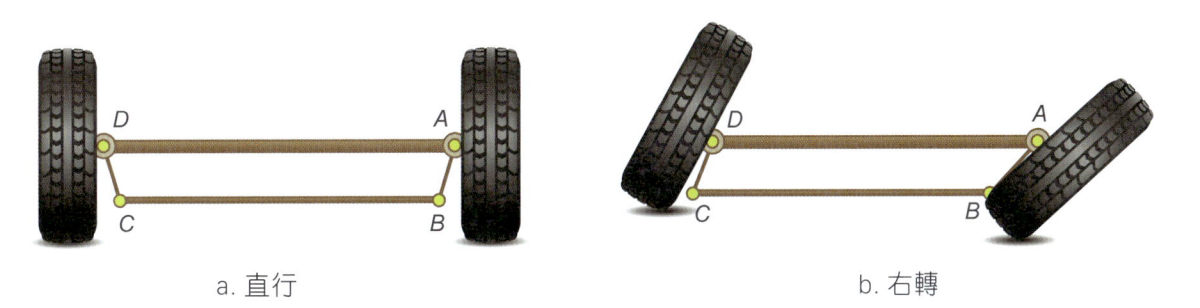

a. 直行

b. 右轉

圖 5-13　車輪直行或右轉時輪子示意圖

當汽車轉彎時，由於內外輪角度不同，前輪最佳的角度為兩輪軸延長線交點，與後輪軸延長線相交之處，如圖 5-14 所示中之轉圓中心，這時車輪與地面會有最小的摩擦力。

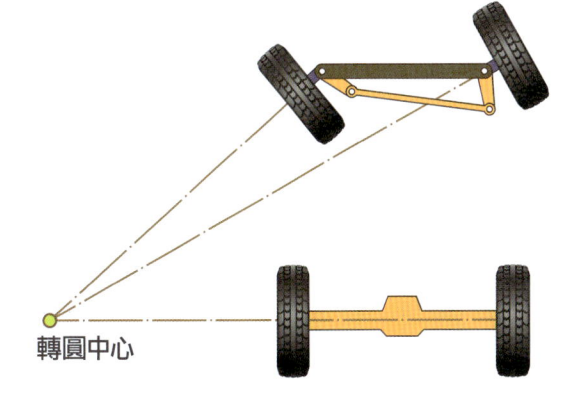

轉圓中心

圖 5-14　汽車轉彎時理想中心點

③ 球面連桿組

　　球面連桿組（Spheric mechanism）常應用於萬向接頭，是具有四個旋轉對的空間四連桿機構，如圖 5-15 所示。此種機構運動時，其桿上每一點的運動路徑，距球心之距離恆為定值，而且必在同一球面上，此即為球面運動。

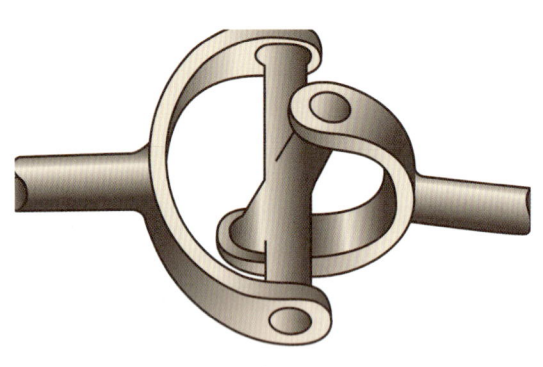

a. 示意圖 　　　　　　　　　　　　　　b. 實體圖

圖 5-15　萬向接頭

圖 5-16　使用萬向接頭連接傳動軸

3 含滑塊之連桿種類及應用

在機構運動時，常由馬達輸出迴轉運動，如果機構需作往復式直線運動，這時需配合滑塊連桿機構的組合，此機構常用於內燃機。

滑塊曲柄機構由機架 D、曲柄 AB、連桿 BC 及滑塊 E 所組成，如圖 5-17 所示。

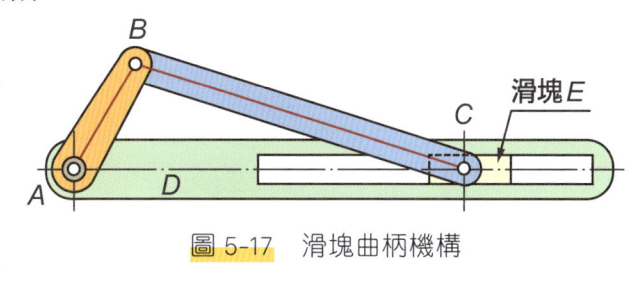

含滑塊之連桿機構的基本型態可分往復滑塊曲柄機構、迴轉滑塊曲柄機構、擺動滑塊曲柄機構，及固定滑塊曲柄機構等四種，本書僅舉例其中三種做介紹，內容說明分別如下：

圖 5-17　滑塊曲柄機構

1 往復滑塊曲柄機構

如圖 5-18 所示為往復滑塊曲柄機構（Reciprocating slider-crank mechanism），包含曲柄、連桿、滑塊及滑槽，其滑塊之衝程為曲柄長的兩倍（主動曲柄迴轉半徑的兩倍），此機構可對照圖 5-17、圖 5-18 和圖 5-19 所示，這種機構常應用於往復式幫浦、活塞式壓縮機及內燃機等。

圖 5-18　往復滑塊曲柄機構

圖 5-19　往復滑塊曲柄機構

圖 5-20　汽缸活塞機構

2 擺動滑塊曲柄機構

如圖 5-21 所示為擺動滑塊曲柄機構（Oscillating slider-crank mechanism），連桿 BC 為固定桿，AB 桿為曲柄，當曲柄 AB 繞固定軸 B 迴轉時，透過連桿 AC 帶動汽缸 D 內之滑塊 E（活塞），使滑塊 E 與汽缸 D 繞固定軸 C 擺動。此機構一般用於動力較小之場合。

a. 示意圖　　　　　　　　　　b. 實體圖

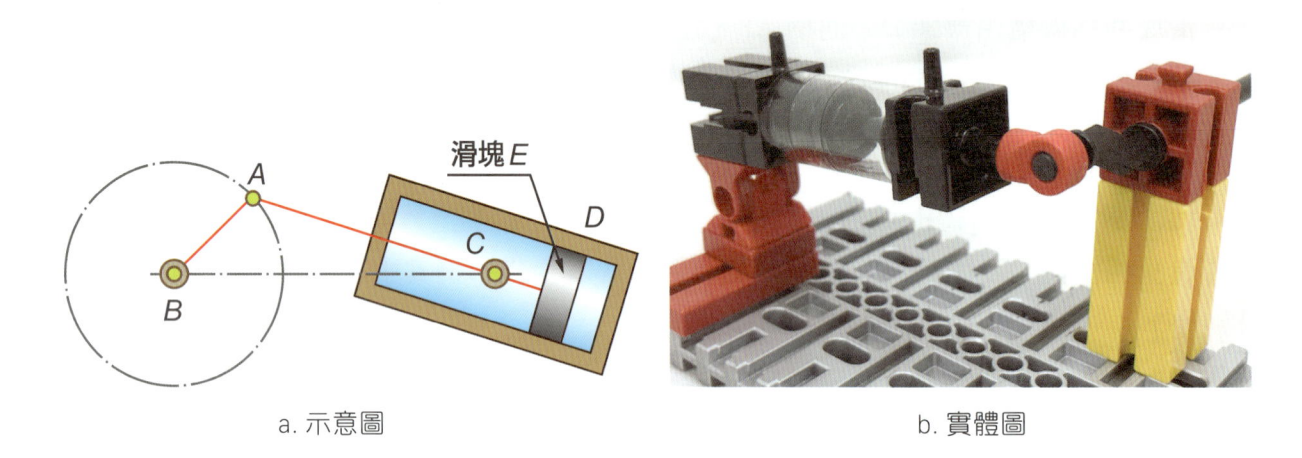

圖 5-21　擺動滑動曲柄機構

3 固定滑塊曲柄機構

如圖 5-22 所示為固定滑塊曲柄機構（Fixed slider-crank mechanism），若滑塊 E 固定，BC 桿為曲柄，且繞固定軸心 C 作搖擺運動，AB 桿為連接桿，AD 桿為滑桿，可以在滑塊內的導路作上下往復運動。圖 5-22b 所示的手壓式抽水機，即是此機構之應用實例。

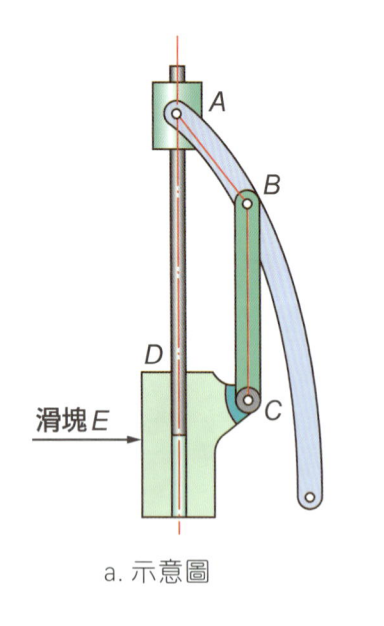

a. 示意圖　　　　　　　　　　b. 水壓式抽水機

圖 5-22　固定滑塊曲柄機構

4 積木寫生

參考下列步驟，依序完成四連桿機構模型製作，如圖 5-23 所示。

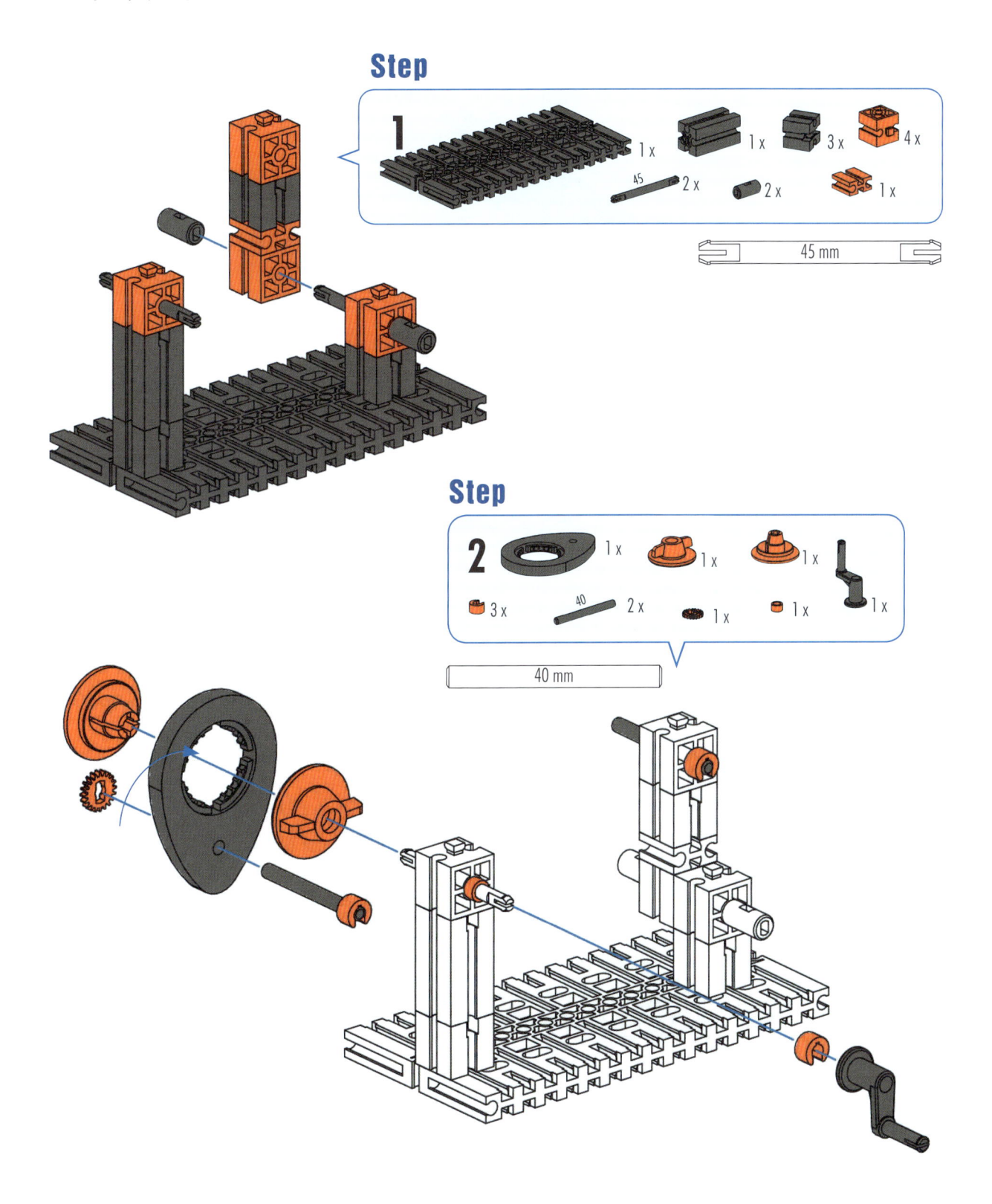

Step 1

Step 2

Step 3

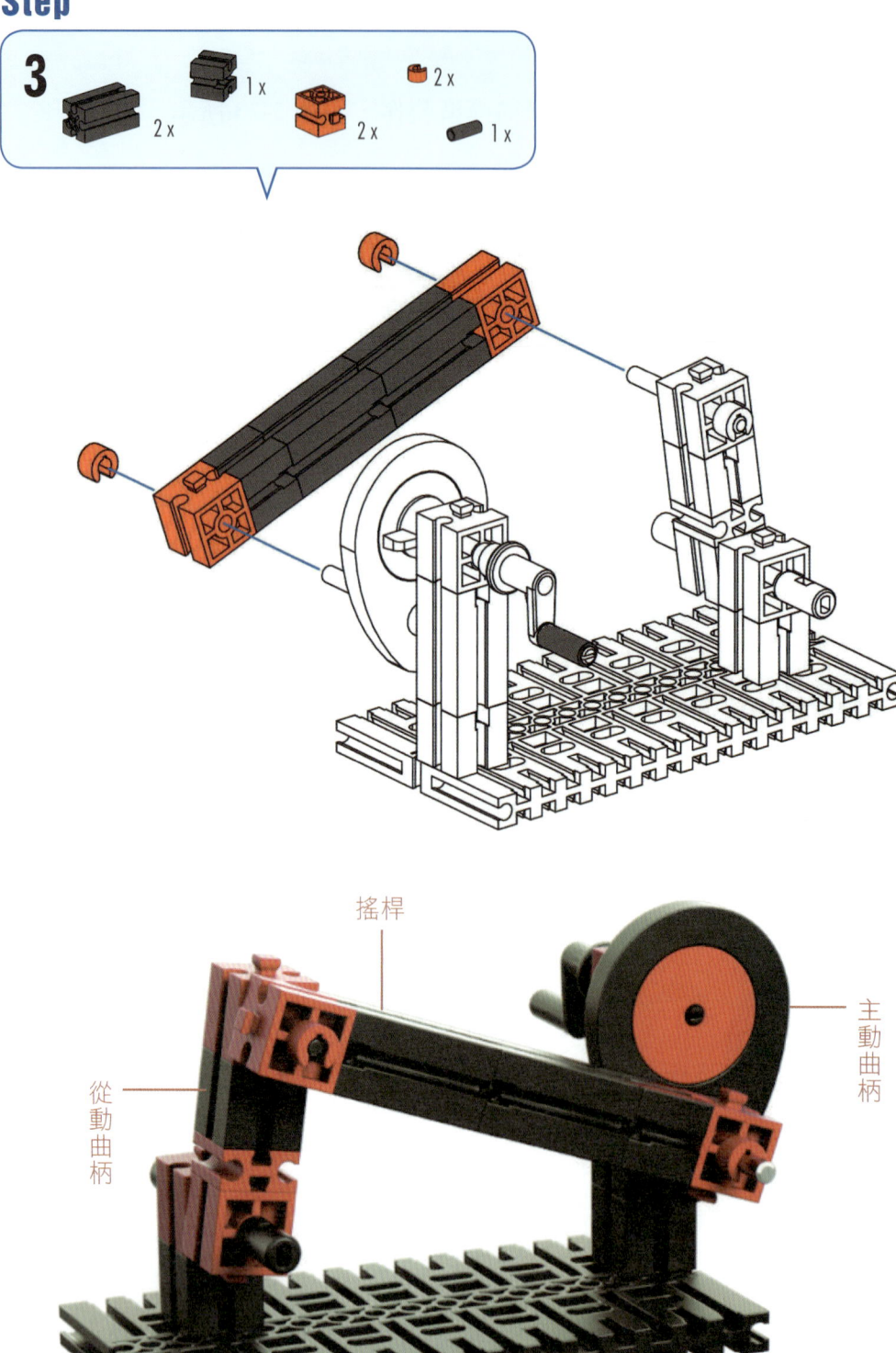

圖 5-23　四連桿傳動模型─使用積木組件

搖桿
從動曲柄
主動曲柄

你也可以把圖 5-23 的模型中的部分零件替換掉，修改成圖 5-24 所示模型。只要你對工程積木熟悉了，便可以把許多想像，或看見的東西做出來。

圖 5-24　四連桿傳動模型—使用桿件

5　工程實驗

1. 參考圖 5-24 之模型，設計出一個四連桿機構，使其在傳動時會產生死點，當死點出現時，用尺量測並記錄各桿件的尺寸為多少（單位：cm）。

桿件名稱	長度（cm）
主動曲柄迴轉半徑	
搖桿	
從動曲柄	
固定連桿	

2. 使用你的工程積木，製作圖 5-12 的汽車轉向機構，當旋轉方向盤時，觀察左右輪的角度有什麼不同？

6　實驗結果

1. 依實驗結果為主，並歸納有、無死點時各桿件長度比較。
2. 如果你的連桿機構如圖 5-12 所示，則旋轉時兩輪的偏離角度相同；若是與圖 5-11 或圖 5-13 相同，則兩輪角度不同。

單元 6

雨刷

⚙ 學習目標

1. 能瞭解雨刷機構
2. 能應用工程積木製作雨刷傳動模型
3. 能觀察出雨刷傳動是四連桿機構的應用
4. 能運用零件延伸並改良雨刷機構
5. 能設計工程實驗流程並歸納結果

1 認識雨刷

1902年冬天,瑪麗安德森(Mary Anderson)從美國阿拉巴馬州到紐約旅行,那天戶外下著大雪,她看到紐約的電車司機,為了清除擋風玻璃上的積雪,必須停下來不斷地用手上的刮板刮除,這個舉動不僅造成電車延誤,也導致嚴重塞車,因此她認為需要某種特殊形狀,及堅硬的板子才能把積雪刮除,又不須讓司機離開電車。

瑪麗安德森回到伯明罕後,絞盡腦汁把她的想法畫成設計圖,如圖 6-1 所示,而且聘請一名設計師協助改良雨刷機構,最後交由當地工廠生產一組模具,於是雨刷誕生了。十年之後,當亨利福特(Henry Ford)的 T 型車開始量產,促使雨刷機構不斷地被修正與改良。

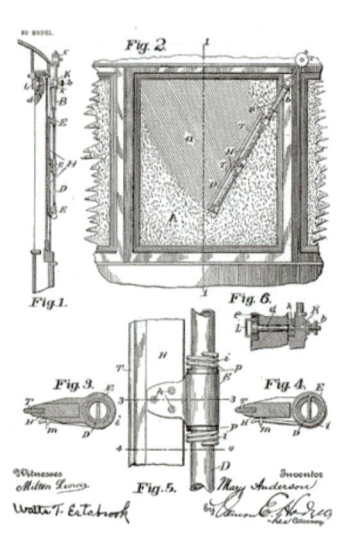

圖 6-1 瑪麗安德森與雨刷設計圖
圖片來源:https://www.mplus.com.tw/article/1788?ref=2056

圖 6-2 汽車擋風玻璃上的雨刷

2 積木寫生—製作雨刷

請參考下列步驟依序組裝一個能左右擺動的雨刷（Windshield wiper）模型製作。

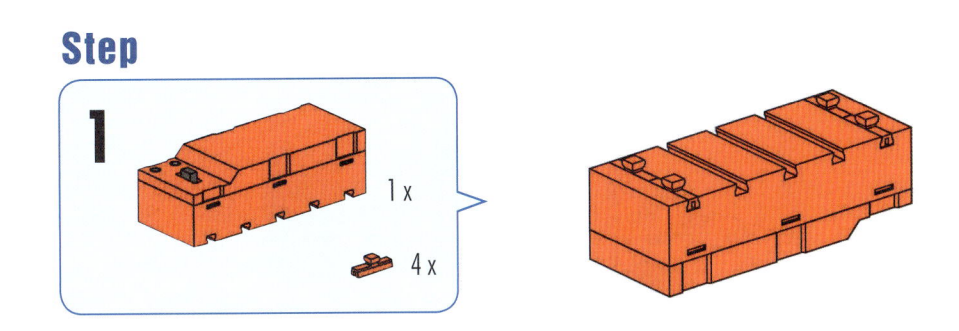

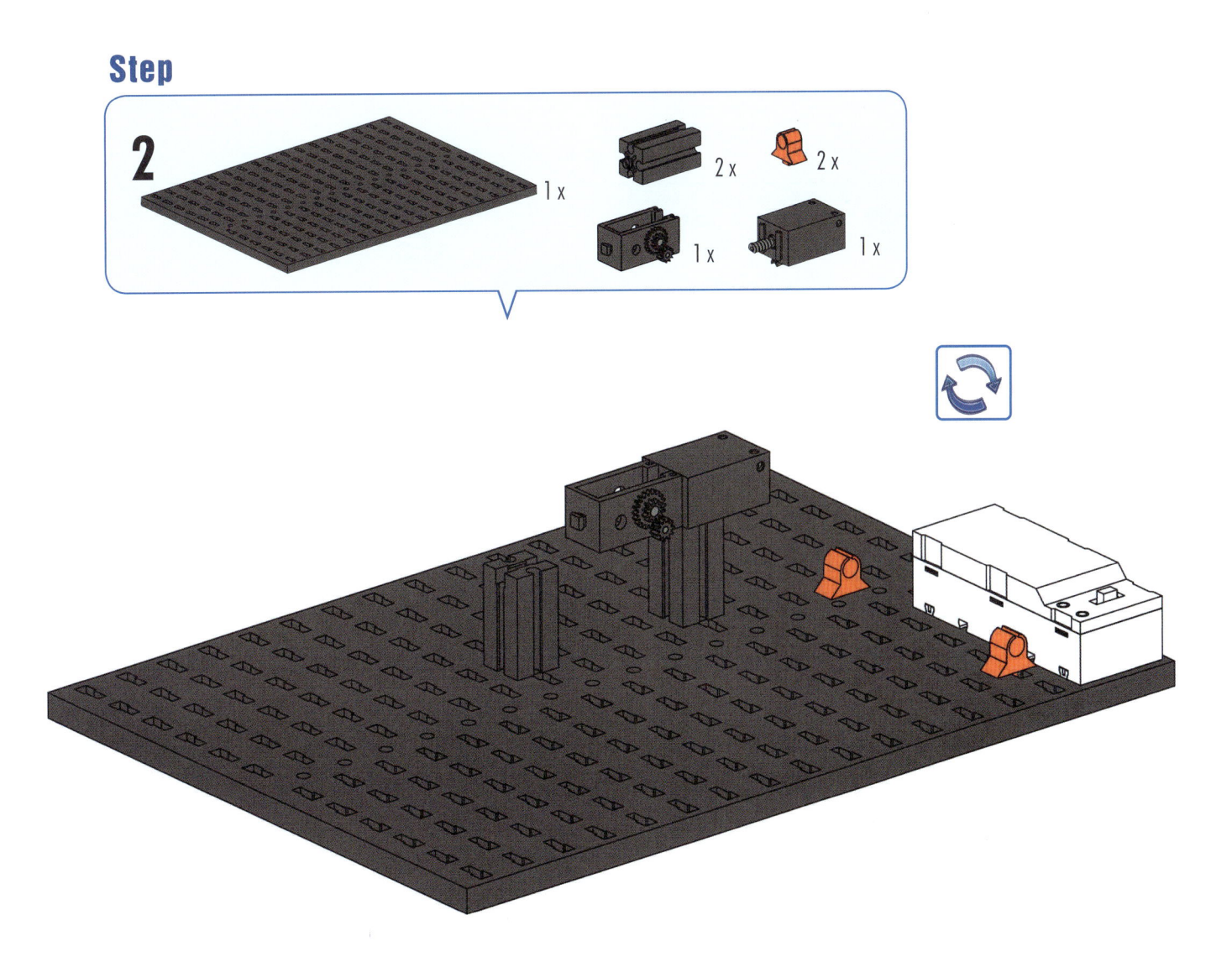

Step 1

1x
4x

Step 2

1x
2x
2x
1x
1x

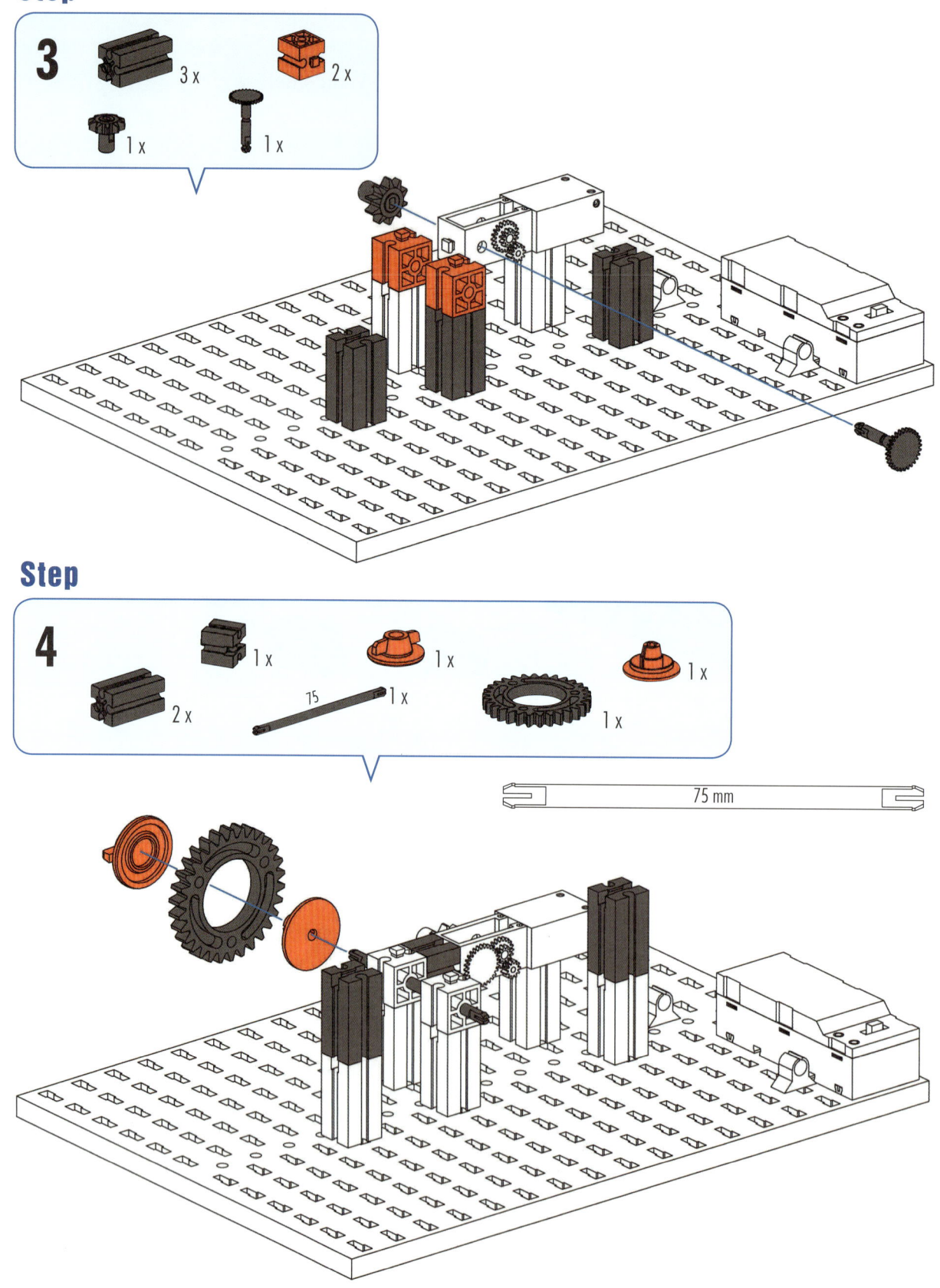

60 孩子的第一本工程科學 II
—使用 fischertechnik 工程積木學習機構與設計實務

Step 3

3x, 2x, 1x, 1x

Step 4

1x, 1x, 1x, 2x, 75 1x, 1x

75 mm

單元6 雨刷 61

Step 5

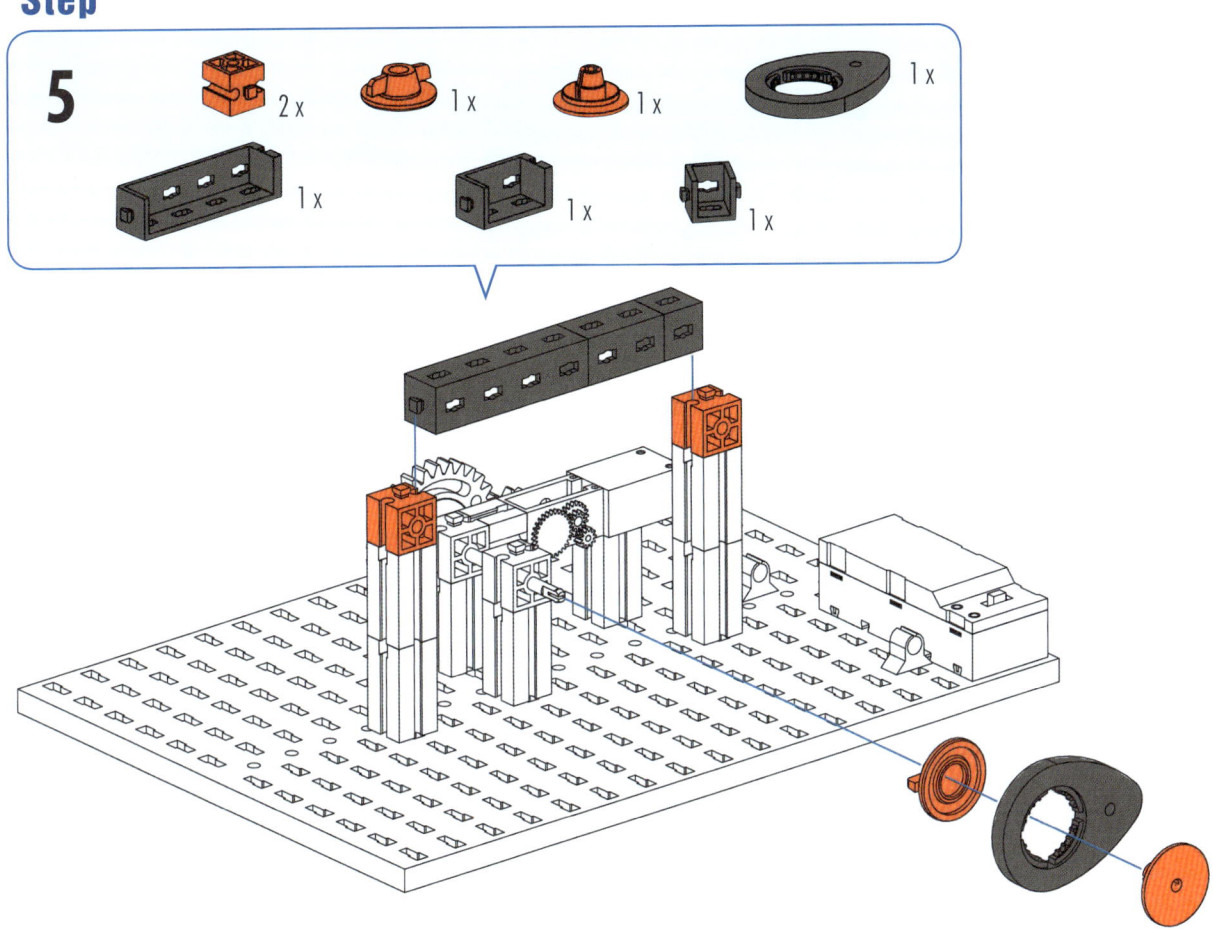

2x, 1x, 1x, 1x
1x, 1x, 1x

Step 6

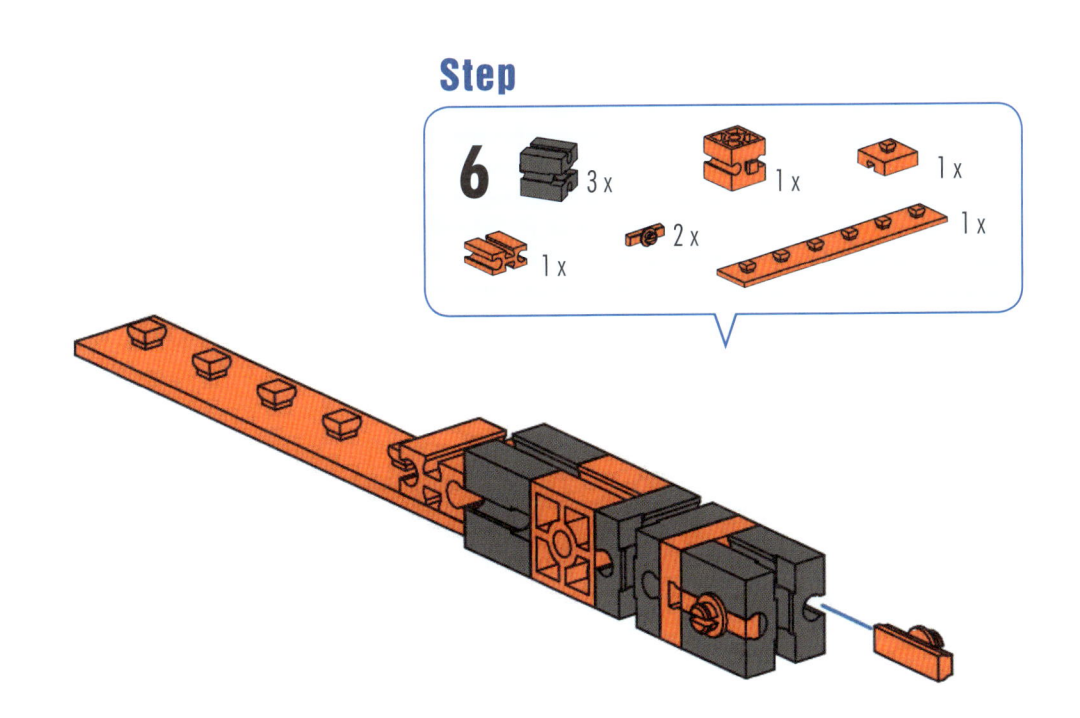

3x, 1x, 1x
1x, 2x, 1x

Step 7

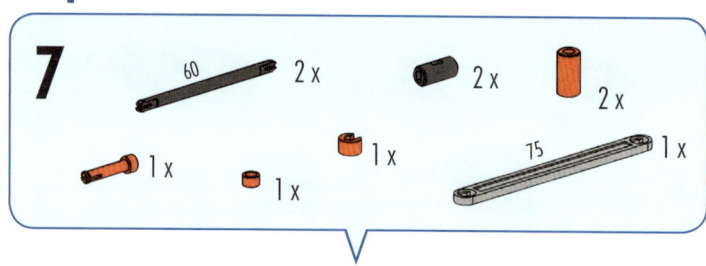

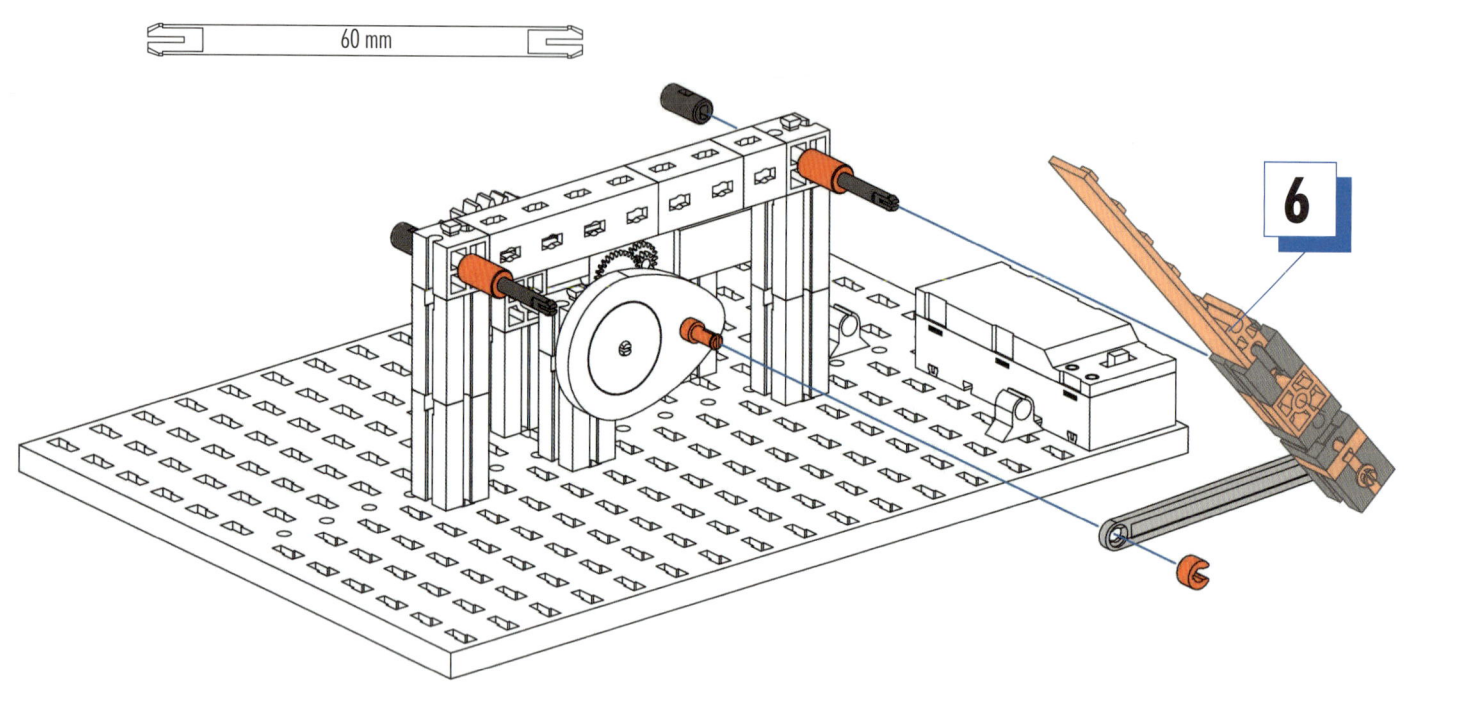

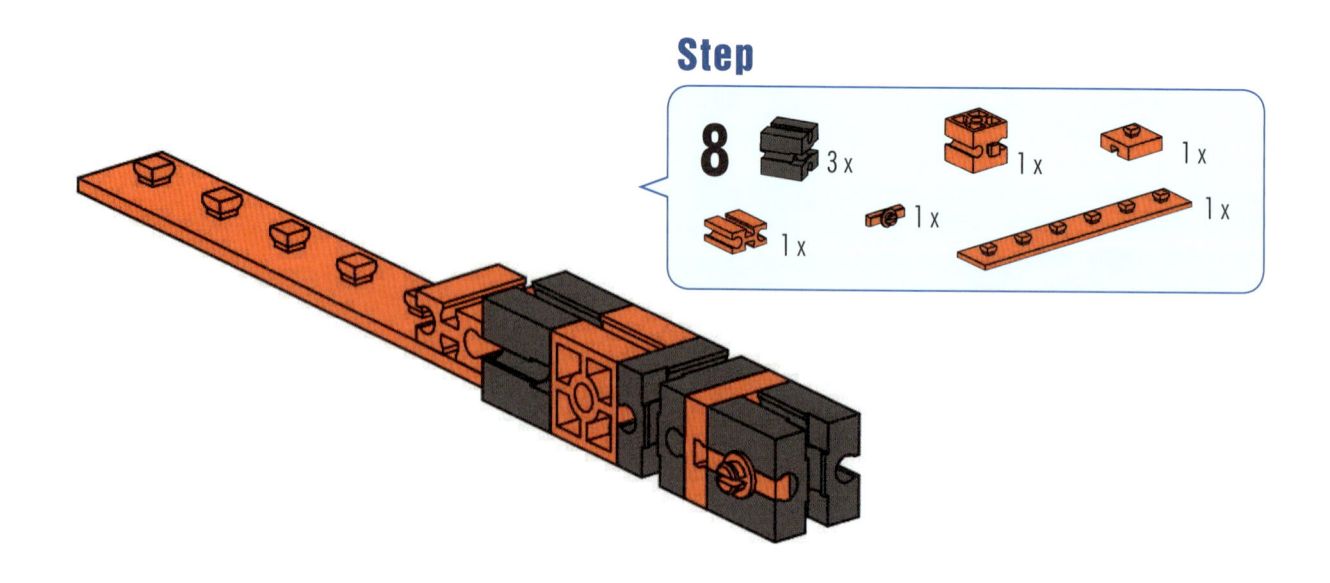

60 mm

Step 8

單元 6　雨刷　63

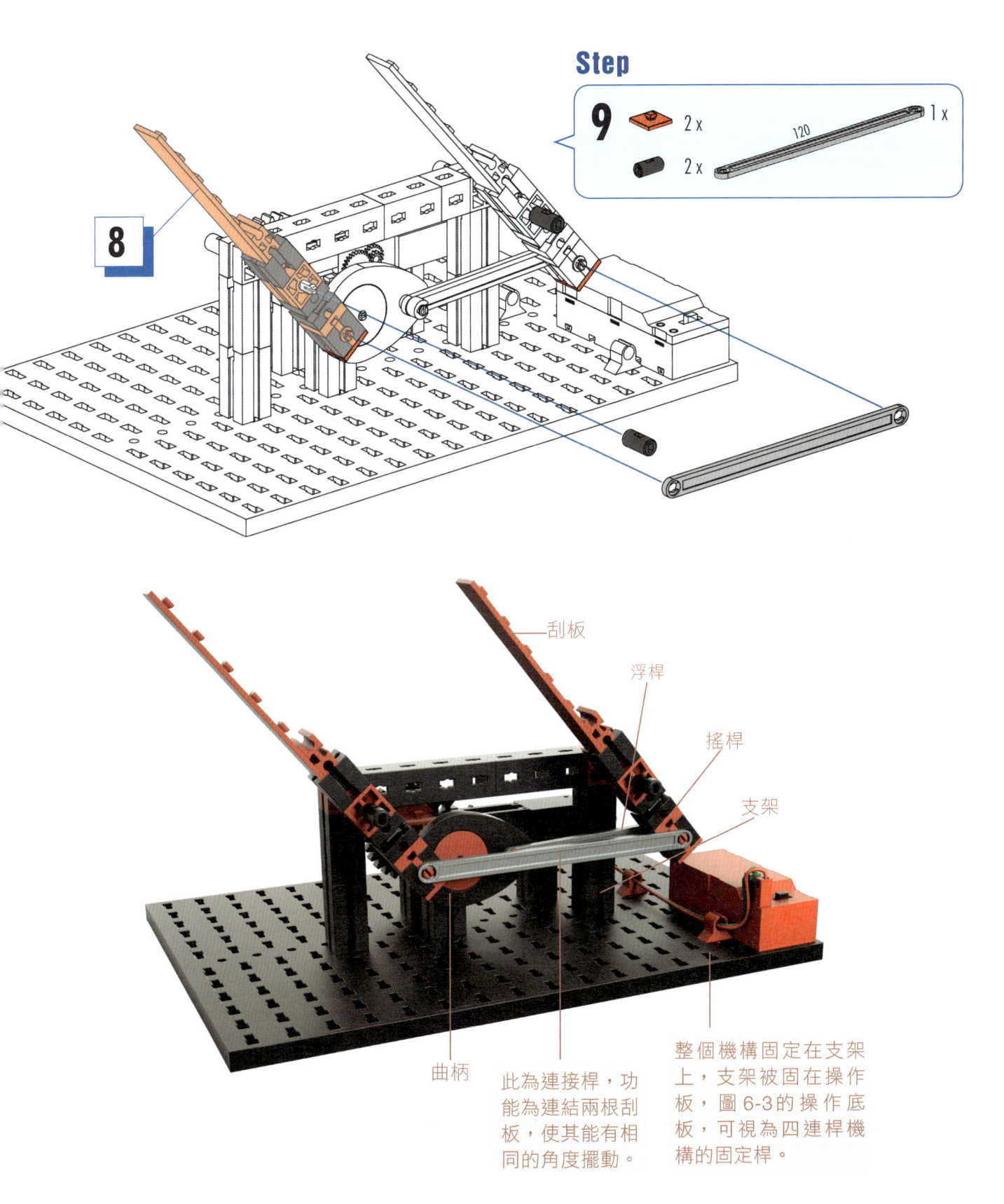

Step 9　2x　2x　120　1x

刮板
浮桿
搖桿
支架

曲柄

此為連接桿，功能為連結兩根刮板，使其能有相同的角度擺動。

整個機構固定在支架上，支架被固在操作板，圖 6-3 的操作底板，可視為四連桿機構的固定桿。

圖 6-3　雨刷

3 工程實驗

1. 圖 6-3 的雨刷模型,是使用馬達帶動變速箱的傳動軸,進而驅動曲柄帶動兩個搖桿,請你試試看,動力來源仍是馬達與變速箱,但驅動方式改為蝸桿傳動,觀察看看,會有什麼不一樣的地方?

2. 圖 6-3 的雨刷模型,兩根刮板運動會朝同一個方向做左右擺動,要如何使兩根刮板朝相反的方向運動呢?

4 實驗結果

1. 雨刷擺動速度會變慢。右圖中所呈現是最簡單的減速機構,當蝸桿轉一圈時,蝸輪只會轉動一格,所以輸出轉速會變慢。

蝸桿

蝸輪

2. 如右圖所示,只要調整連接兩片刮板連接桿的位置,就可以使得運動方向相反。

避免刮板做反向擺動時,因尺寸太長導致碰撞在一起,可以使用比較短的刮板

原來的連接點在這個位置

單元 7
弓式鋸床

⚙ 學習目標
1. 能瞭解鋸床機構
2. 能應用工程積木製作鋸床傳動模型
3. 能觀察弓式鋸床傳動是連桿機構的應用
4. 能運用零件延伸並改良鋸床機構
5. 能設計工程實驗流程並歸納結果

1 認識弓式鋸床

　　鋸床的用途是把送到工廠未加工的原料，切成適當的長度與形狀，再進行精密加工，若精密度高，浪費的材料就會減少，鋸床可以說是機械相關工廠最基本的機器設備。工作時鋸片作往復式線性切削，為了安全，鋸片斷時鋸弓會自動上升。

　　切削不同材質的料件時，可調整速度，為了降低鋸片與被切削物之間因摩擦作用產生的高溫，會在鋸片上方裝置流體管路，方便冷卻液流出，達到潤滑及冷卻的效果。

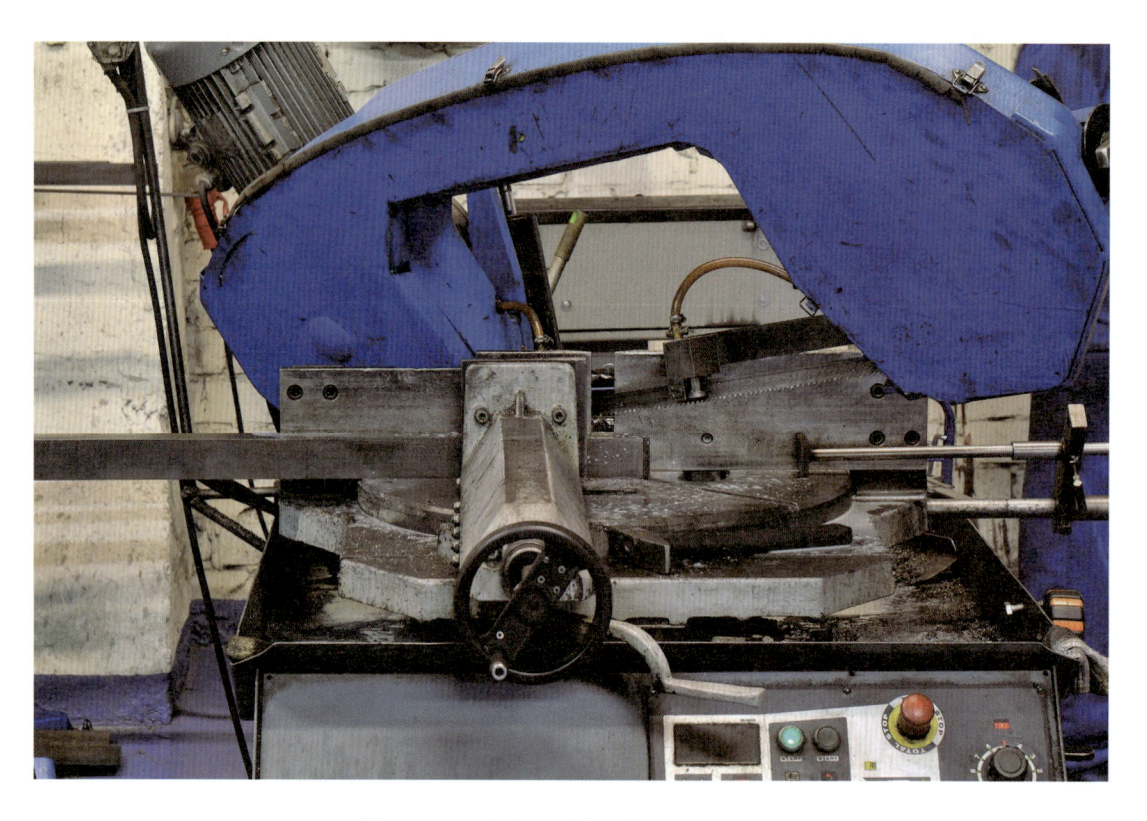

圖 7-1　工廠裡切割料件的弓式鋸床

2 積木寫生─弓式鋸床

請參下列步驟,組裝一個能做往復式運動的弓式鋸床(Hack sawing machine)模型。

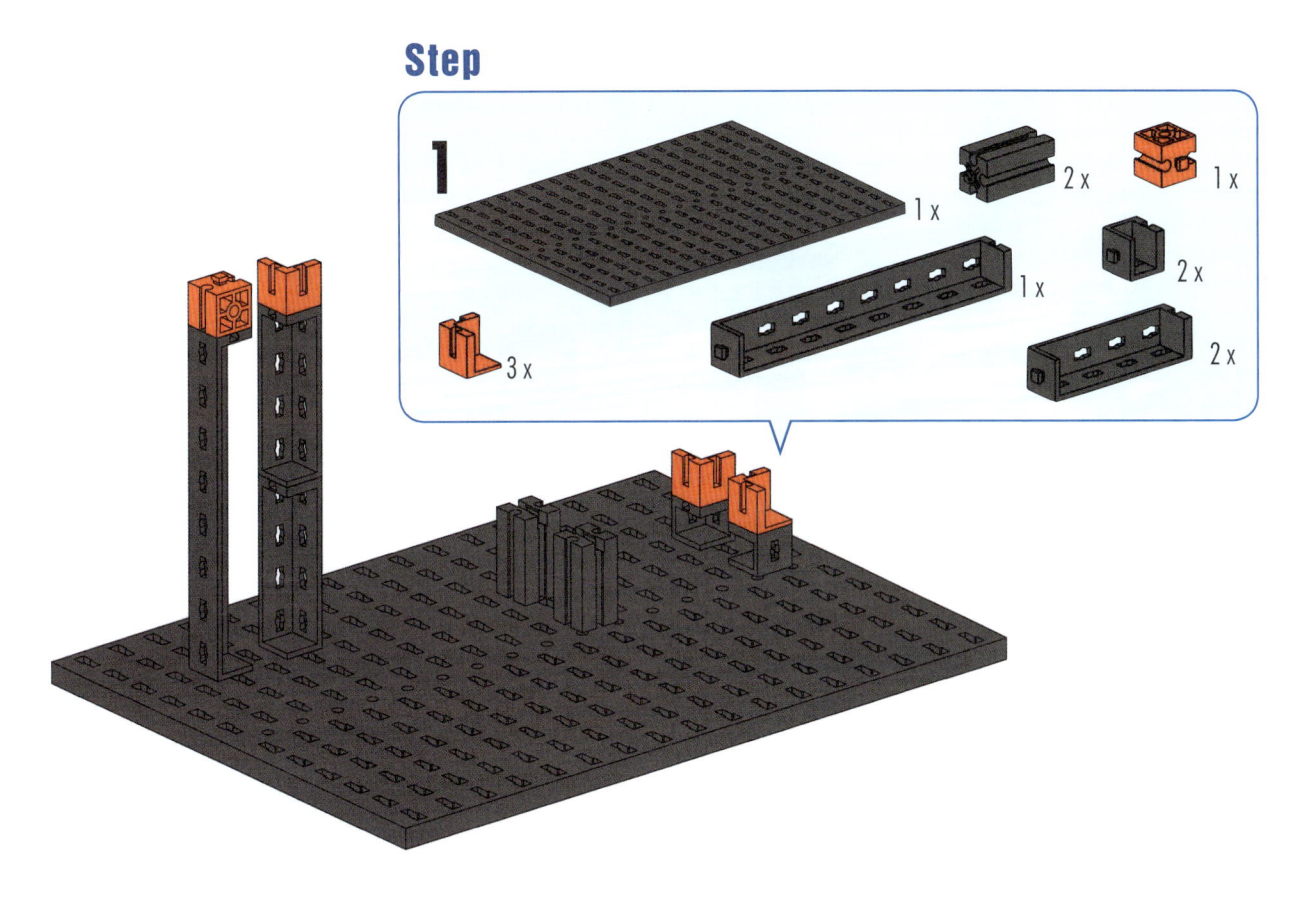

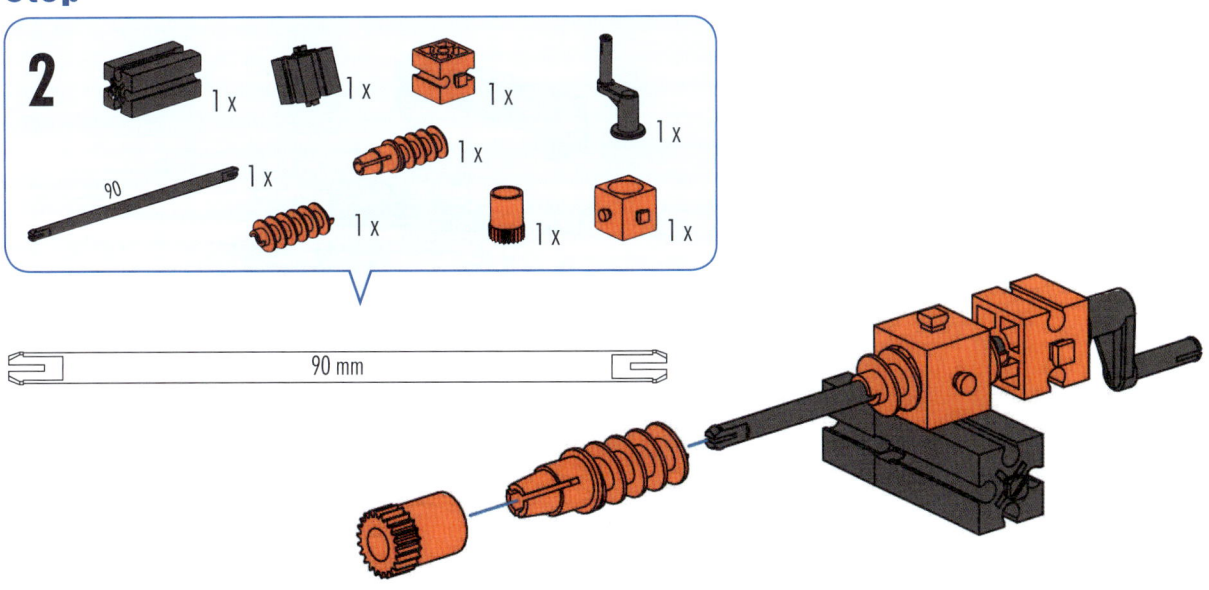

Step 1

Step 2

90 mm

Step 3

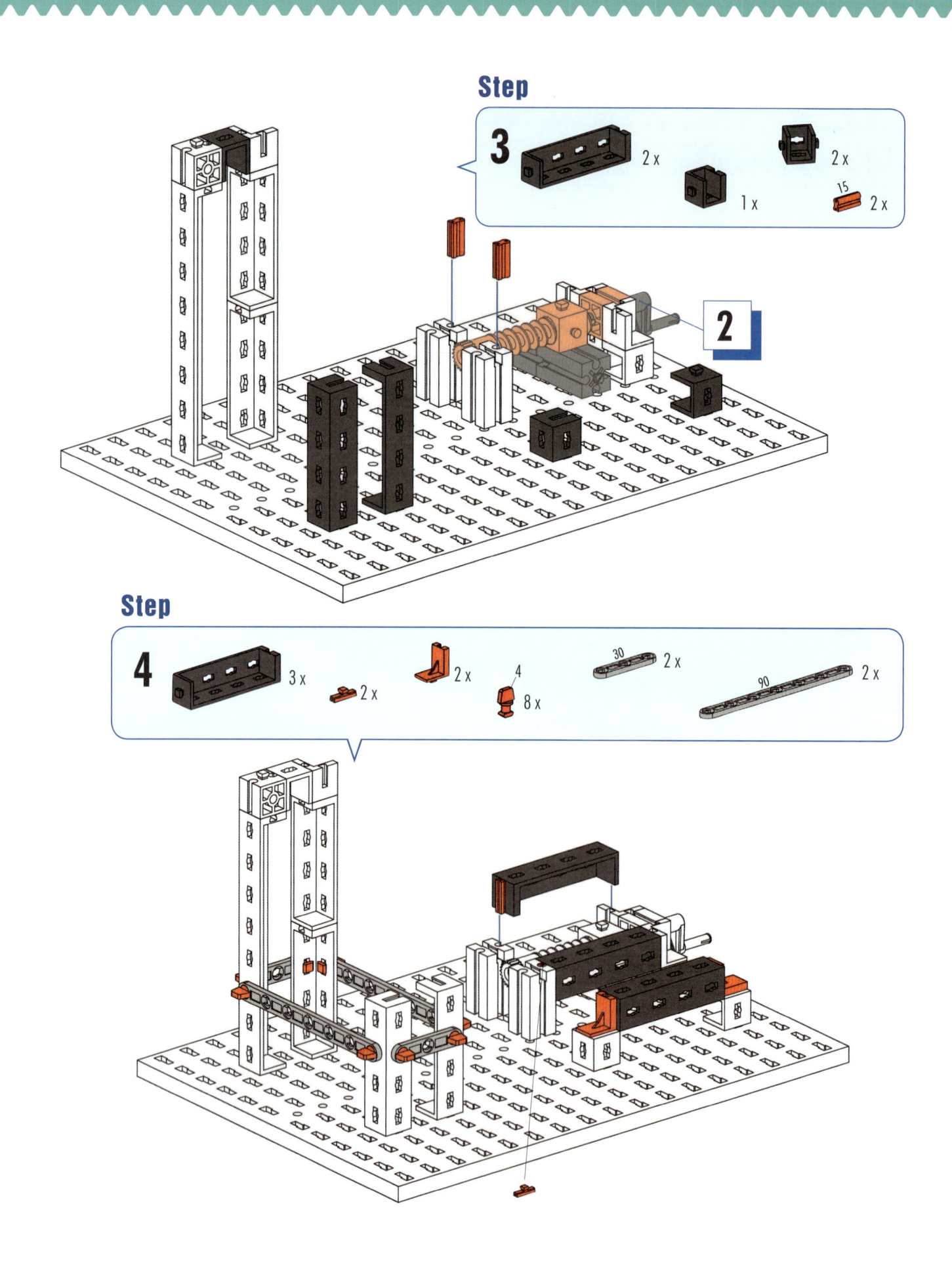

Step 4

單元 7　弓式鋸床

Step 5

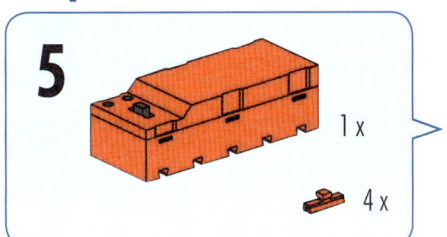

1 x
4 x

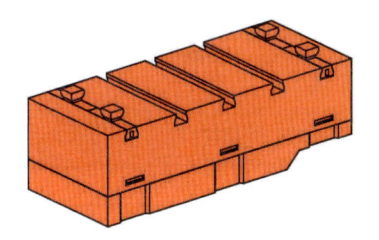

Step 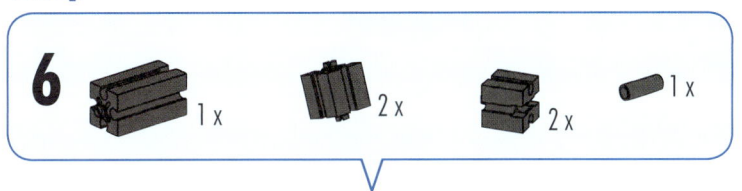 6

1 x　　2 x　　2 x　　1 x

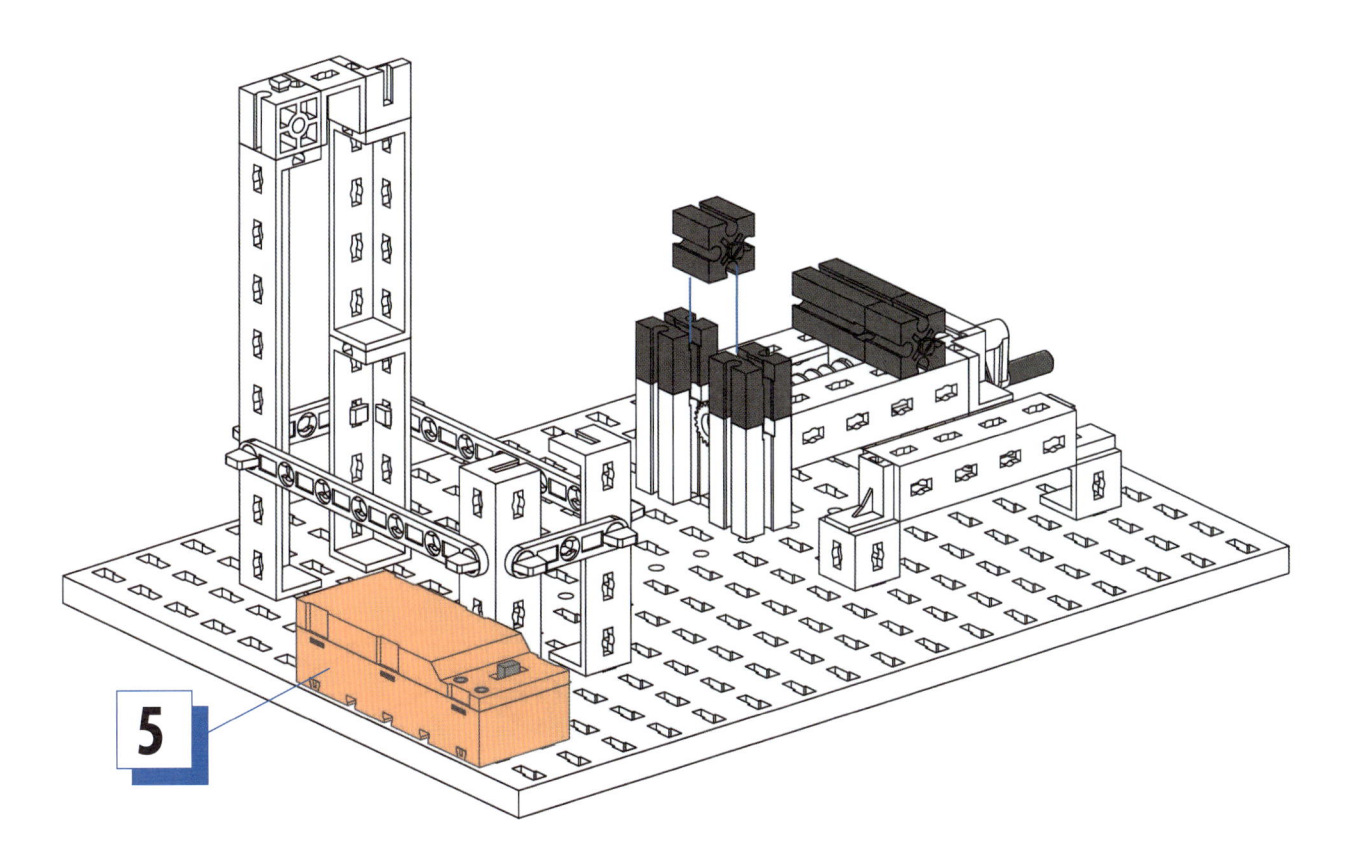

5

Step 7

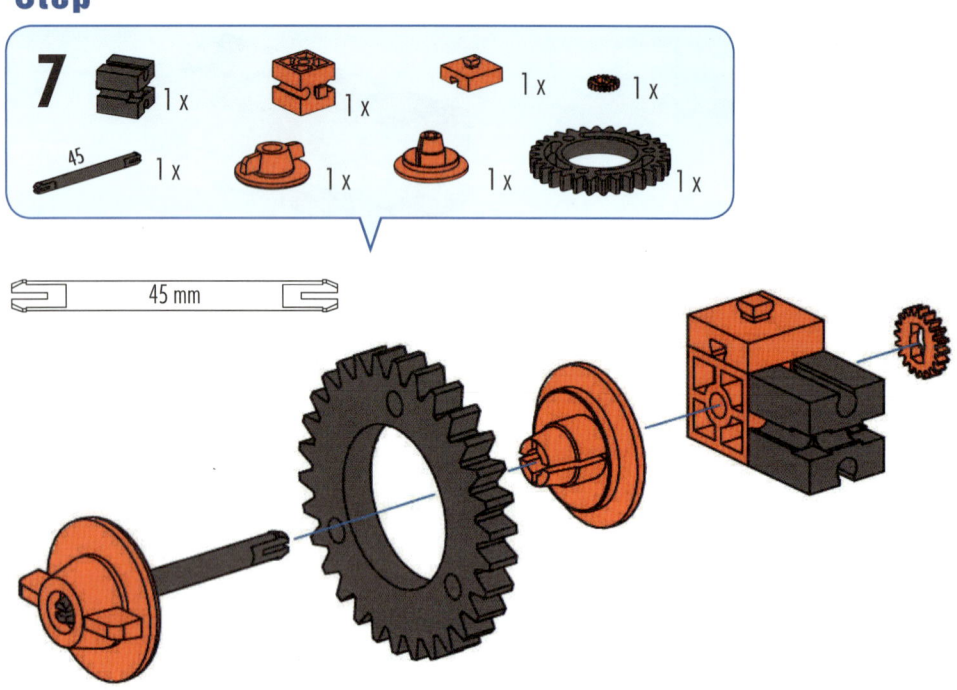

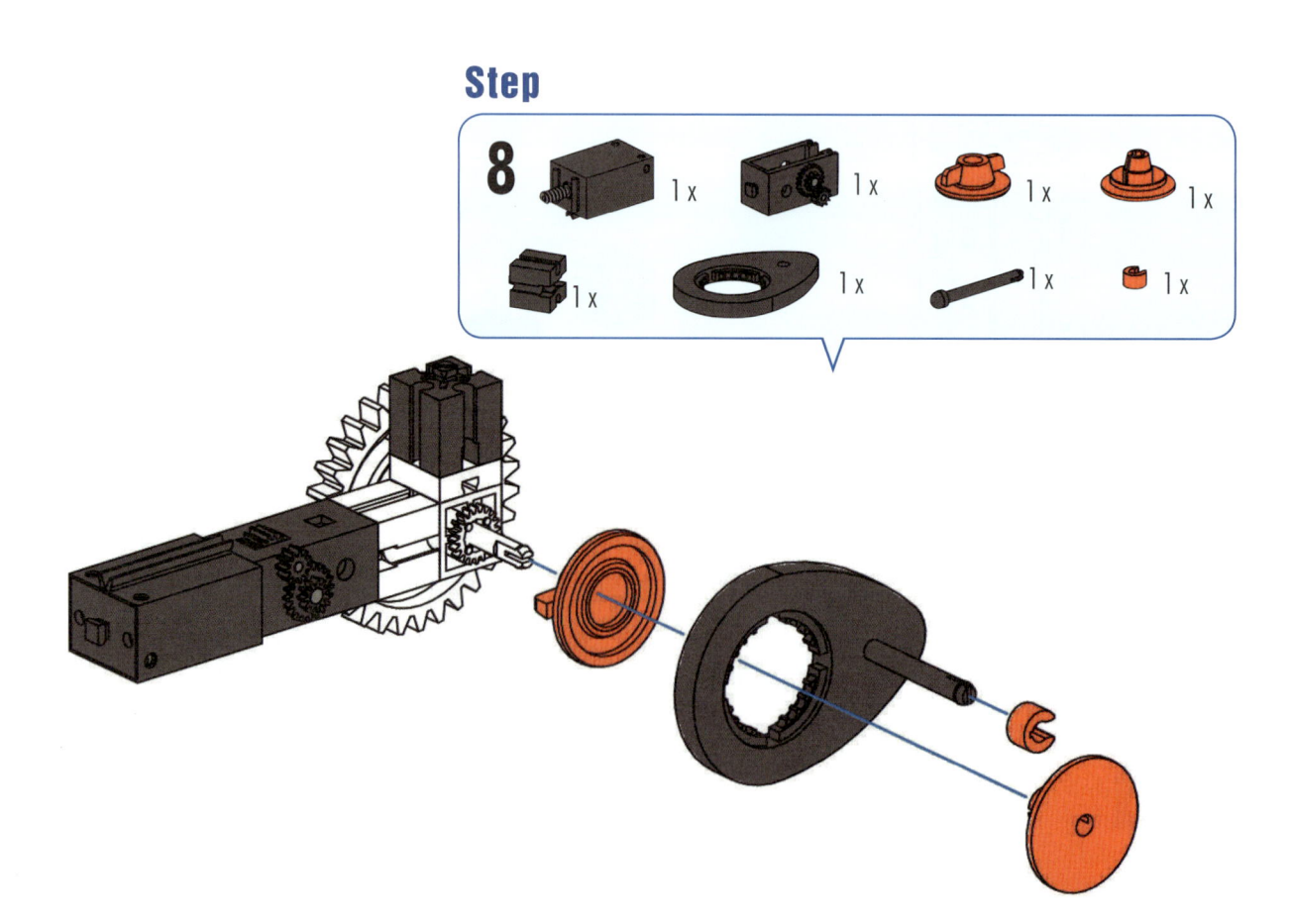

45 mm

Step 8

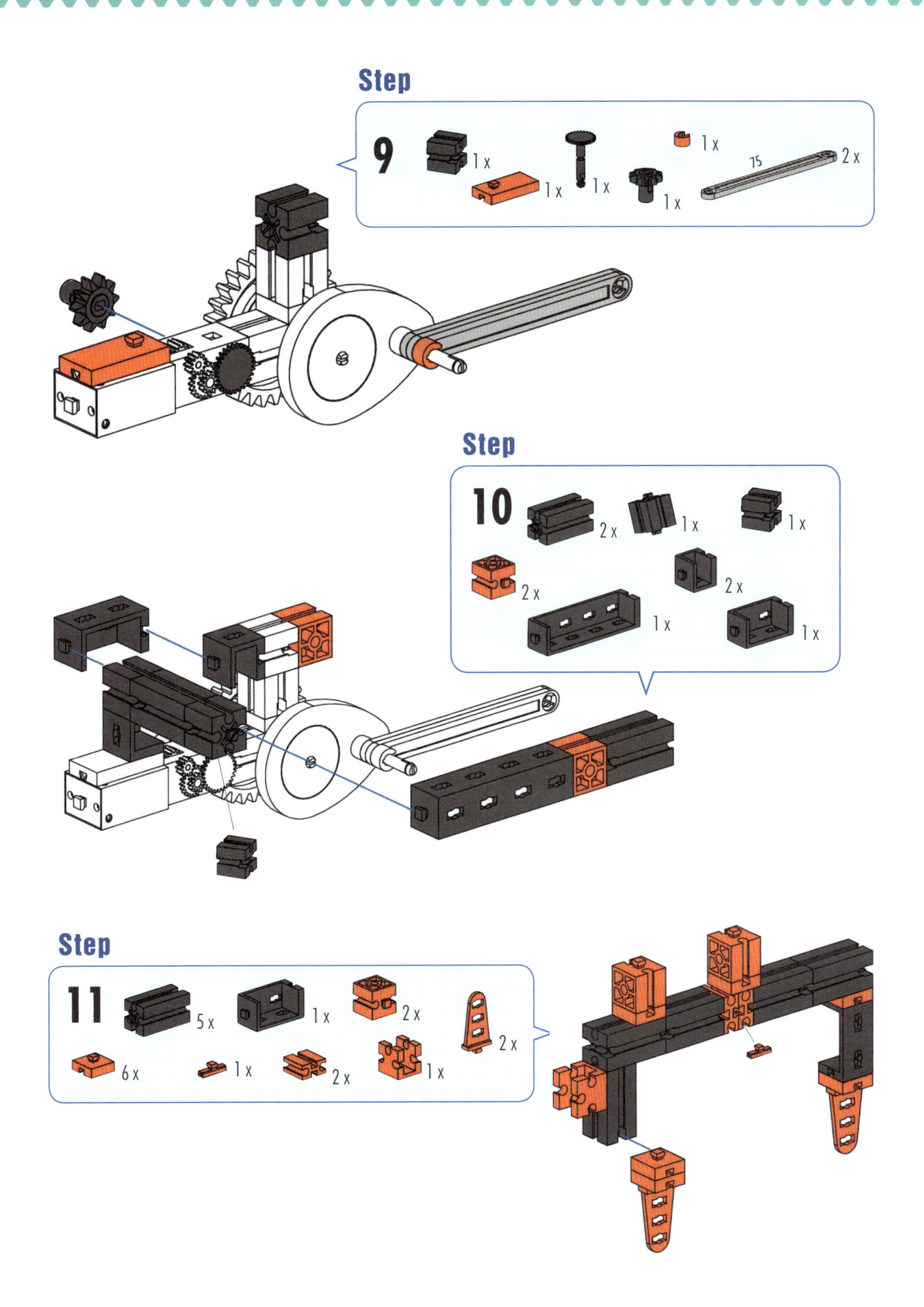

單元 7　弓式鋸床　71

Step 9

1x, 1x, 1x, 1x, 1x, 75 2x

Step 10

2x, 1x, 1x, 2x, 2x, 1x, 1x

Step 11

5x, 1x, 2x, 2x, 6x, 1x, 2x, 1x

Step 12

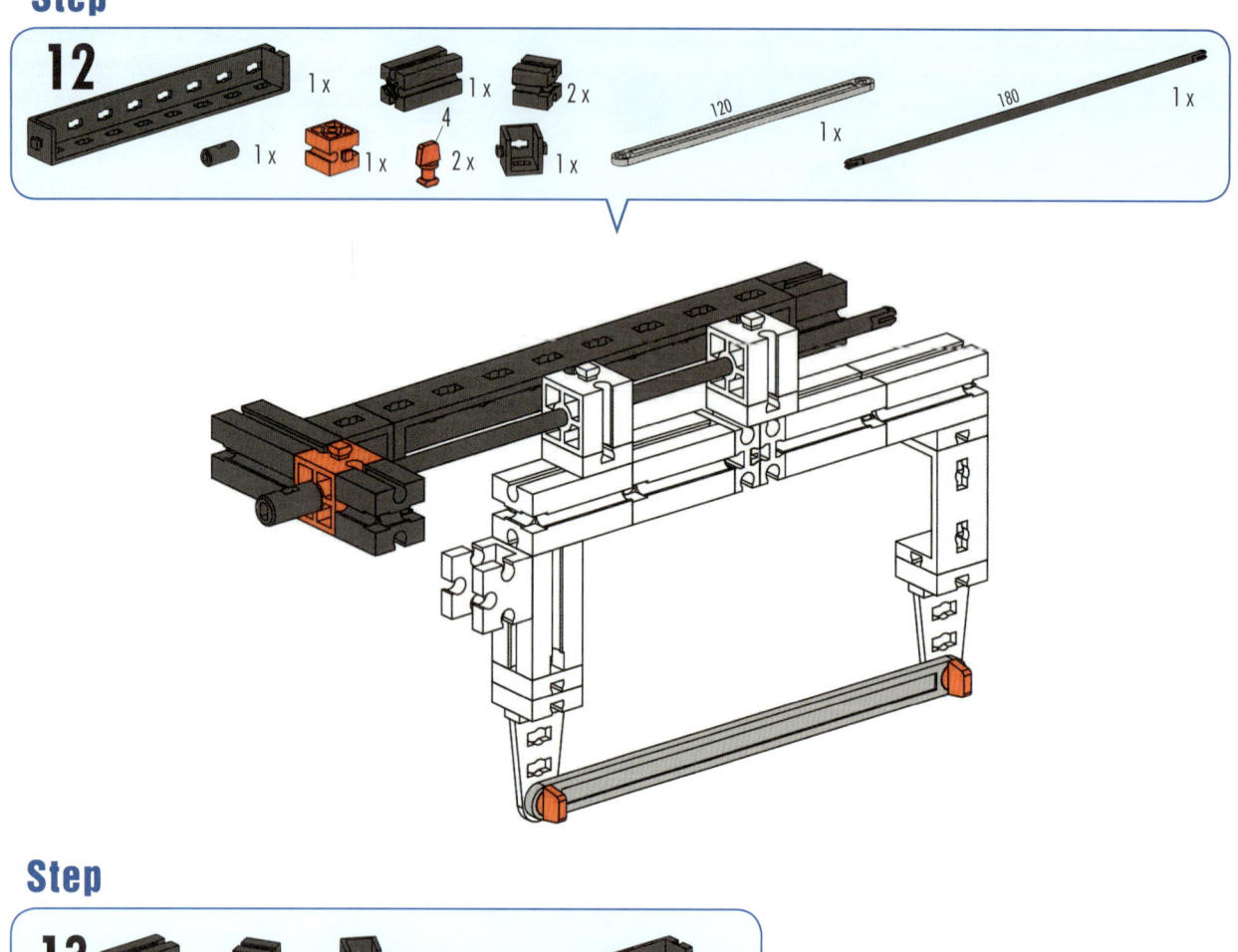

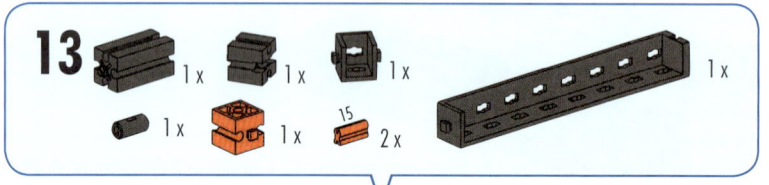

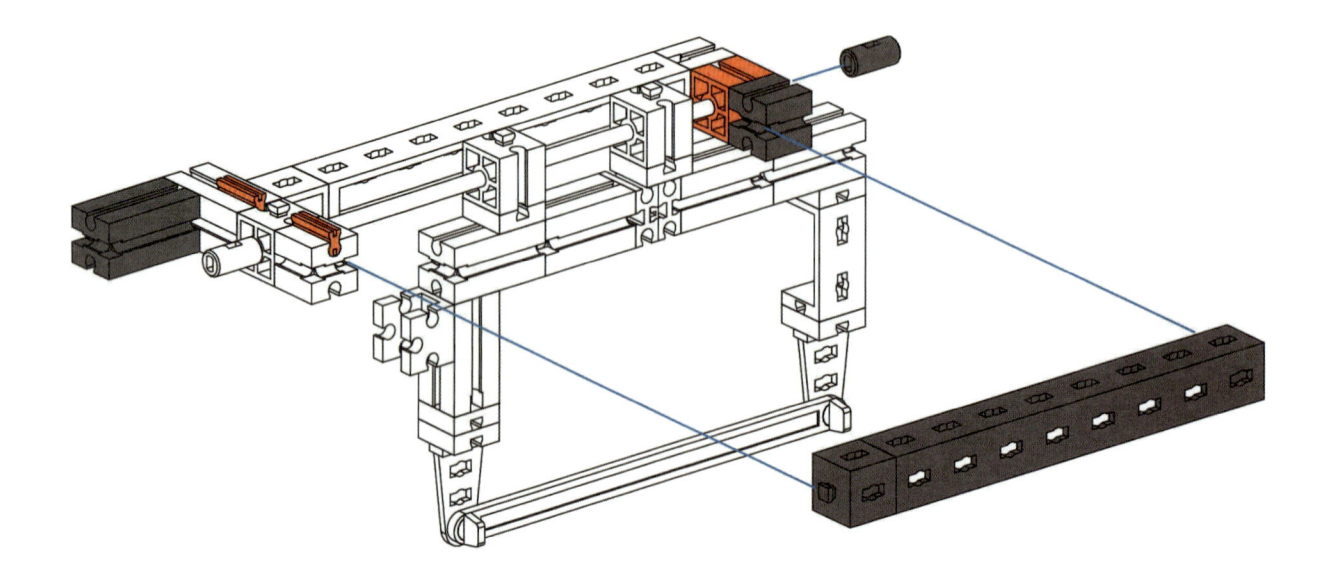

Step 13

單元 7　弓式鋸床　73

Step 15

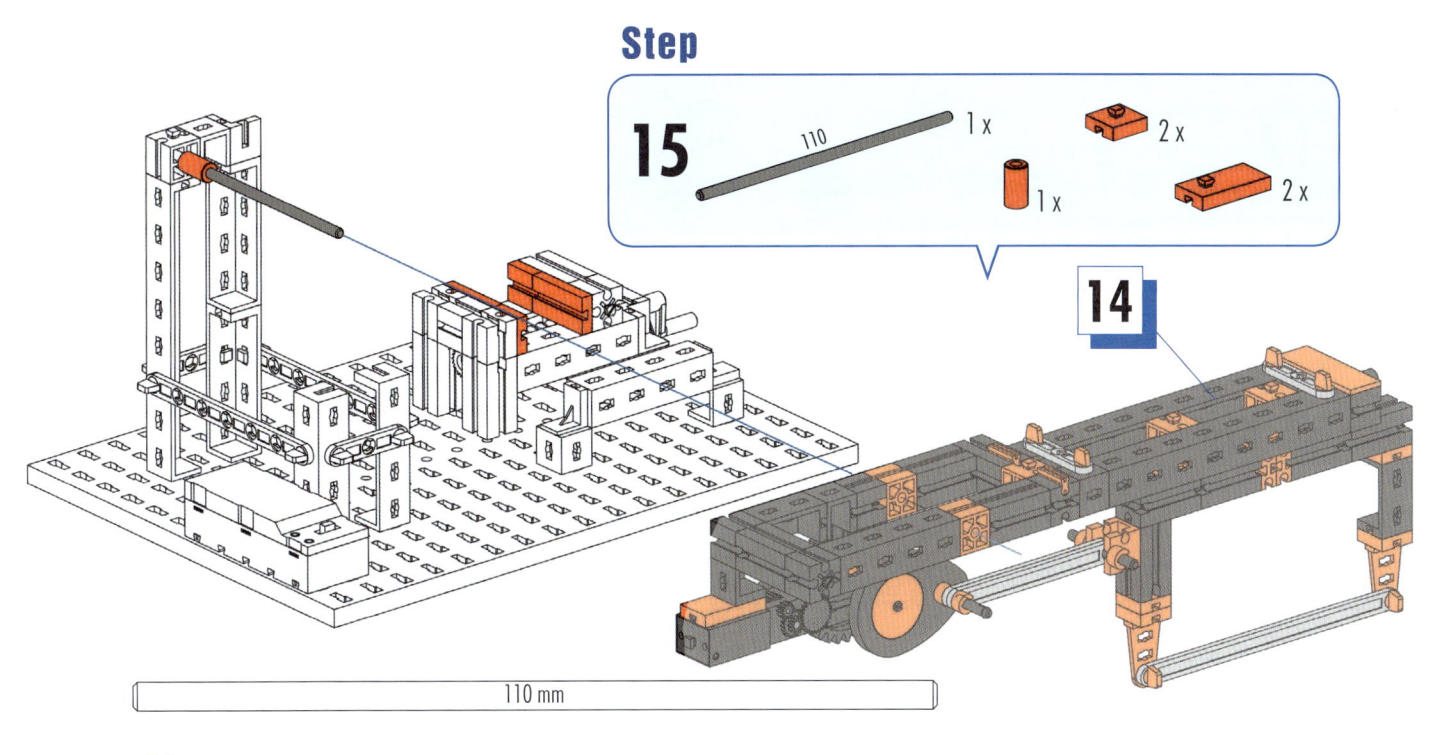

110　1x
1x
2x
2x

110 mm

14

Step 16

2x
1x
2x
3x
2x
2x
2x
1x

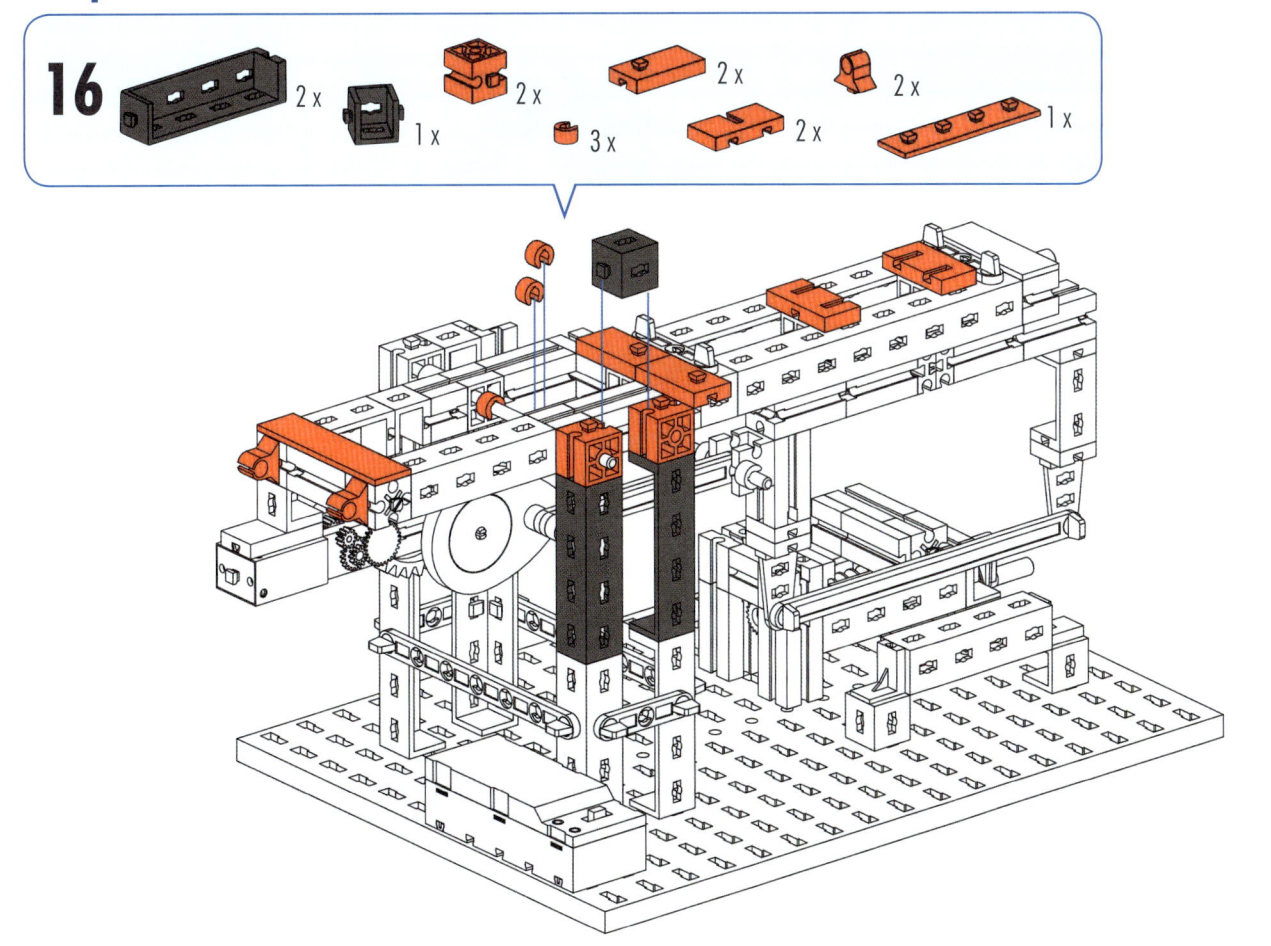

74　孩子的第一本工程科學 II
　　—使用 fischertechnik 工程積木學習機構與設計實務

Step 17

圖 7-2　弓式鋸床　　　　　　　　圖 7-3　夾鉗特寫

3 工程實驗

1. 把圖 7-2 中的模型,運用曲柄滑塊機構的概念,利用工程積木做出一個可以模擬鋸片做來回往復式運動的簡易機構。

2. 如果弓形鋸床沒有使用夾鉗夾住被切割的料件,當鋸片做往復式運動時,會有什麼現象發生?

4 實驗結果

1. 沒有固定的方法,但有相通的邏輯,下圖僅供參考,當你融會貫通之後,就會產生許多創作靈感。下圖機構的動作原理,可參考 p6 圖 1-13 的說明。

2. 如果沒有使用夾鉗固定料件,當刀具做往復運動時,被切削物件會產生多個運動自由度或震動,嚴重時甚至會扭斷鋸片。

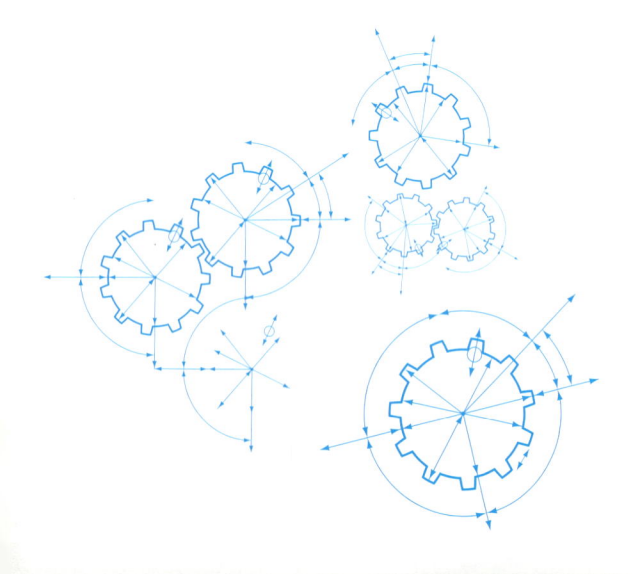

單元 8
帶輪

🛠 學習目標

1. 能瞭解帶輪機構
2. 能應用工程積木製作帶輪傳動模型
3. 能觀察撓性傳動的優缺點
4. 能運用零件延伸帶輪機構創作
5. 能設計工程實驗流程並歸納結果

1 認識帶輪

在機械傳動中，如果主動軸和從動軸之間的距離較遠，可以用撓性材料取代齒輪或摩擦輪，利用張力連接及傳達動力，稱為撓性傳動，如圖 8-1 所示。帶與帶輪是藉由帶與輪面之間的摩擦力來完成動力傳達。

常用的撓性連接材料有鏈（Chain）、帶（Belt）及繩（Rope），其中以鏈與帶最常被使用，如圖 8-2、圖 8-3 所示。

撓性傳動有以下特性：
1. 傳動距離比較遠。
2. 屬於間接傳動。
3. 撓性連接物只能傳達張力，無法傳達推力。

圖 8-1 汽車引擎中的帶輪應用

圖 8-2 鏈條傳動

圖 8-3 纜車機房的鋼索

2 積木寫生─製作帶輪

請參考圖 8-4a 及圖 8-4b，組裝帶輪（Belt pulley）傳動模型，此處可使用橡皮筋代替帶。

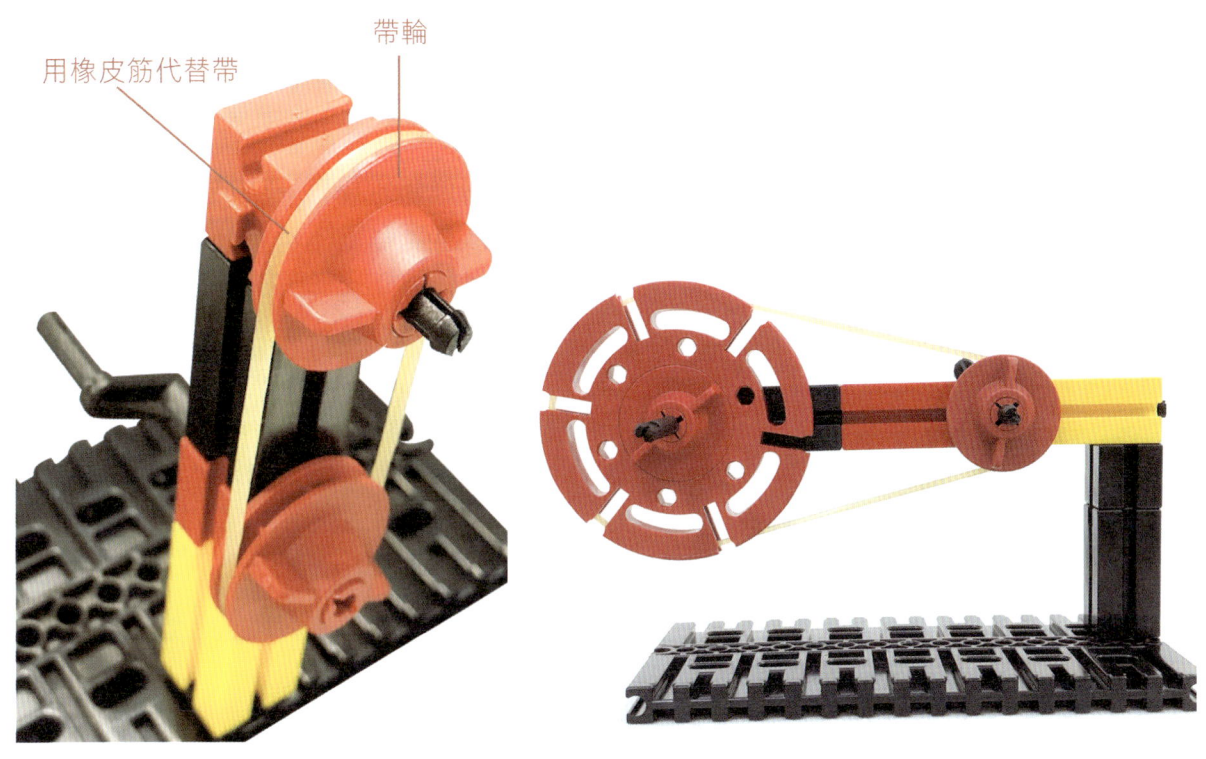

a. 兩個大小相等的帶輪　　　　　　　　b. 一大一小的帶輪

圖 8-4　帶輪傳動模型

3 工程實驗

1. 在圖 8-4a 及圖 8-4b 中的帶輪傳動模型，當手轉動曲柄時，觀察橡皮筋隨帶輪轉動時有什麼現象發生，要如何解決？

2. 觀察圖 8-4 的兩個模型運動時，主動軸與從動軸旋動的方向相同還是相反？要如何能使兩個帶輪方向相反呢？

4 實驗結果

1. 圖 8-4b 所示模型，當帶輪順時針或逆時旋轉時，其中一側橡皮筋會呈現鬆弛的現象，這是兩側的張力不同所造成。傳動時，應把緊邊放在下方，鬆邊放在上方，這樣可以增加帶輪與帶之間的接觸角，增加傳動時的拉力。如果兩根軸的距離太近，如圖 8-4a 所示，橡皮筋的形變量太小，導致張力不足，會有打滑現象發生，可以把兩根軸的距離加長改善之。

   當主動輪逆時針轉動瞬間，因摩擦力作用，帶拉動從動帶輪轉動，造成帶變得緊繃，這時的張力稱為緊邊張力（F_1），緊弛的一側則稱為鬆邊張力（F_2），如下圖所示。

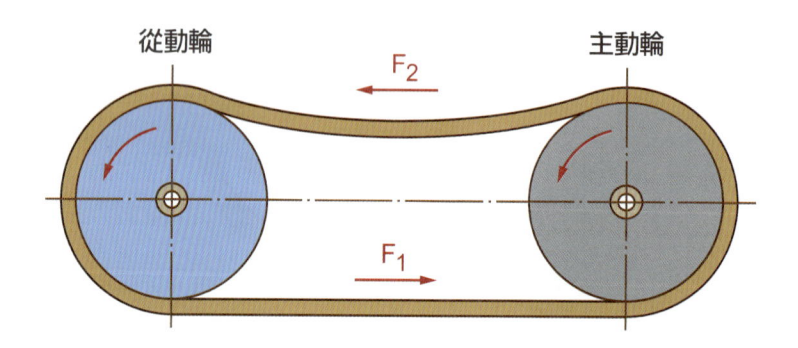

2. 轉向相同。圖 8-4 模型為開口帶（Open belt）帶輪，用於兩軸平行且轉向相同之場合。如使用下圖中的交叉帶（Crossed belt），則兩軸轉動方向相反，但交叉會合處皮帶容易磨損。

單元 9
鏈輪

⚙ 學習目標

1. 能瞭解鏈條及鏈輪機構
2. 能應用工程積木製作鏈條傳動模型
3. 能觀察出鏈條傳動的優缺點
4. 能運用零件延伸鏈輪機構創作
5. 能設計工程實驗流程並歸納結果

1 認識鏈輪

在機械傳動中,鏈條是撓性傳動的一種,如圖 9-1 所示。當主動軸與從動軸之間距離長,而且速比要求精確時,可以選用鏈條傳動（Chain transmission）最適合,與鏈條嚙合之輪稱為鏈輪（Sprocket）。

與帶輪不同之處在於鏈條與鏈輪組合傳達動力,不會產生滑動現象,不須有初張力,所以傳動時張力都集中在緊邊。鏈條常用在起重、運送及動力輸送。

圖 9-1　自行車上的鏈條及鏈輪

鏈條傳動有以下特性:
1. 傳動距離比較遠,而且無滑動產生,速比確實。
2. 傳動時有效拉力比帶輪大,效率比較高。
3. 鏈條不易受溫、濕度影響,使用壽命長。
4. 不適合高速傳動,因傳動時,鬆邊側會因高速而產生擺動,造成速率不穩定。

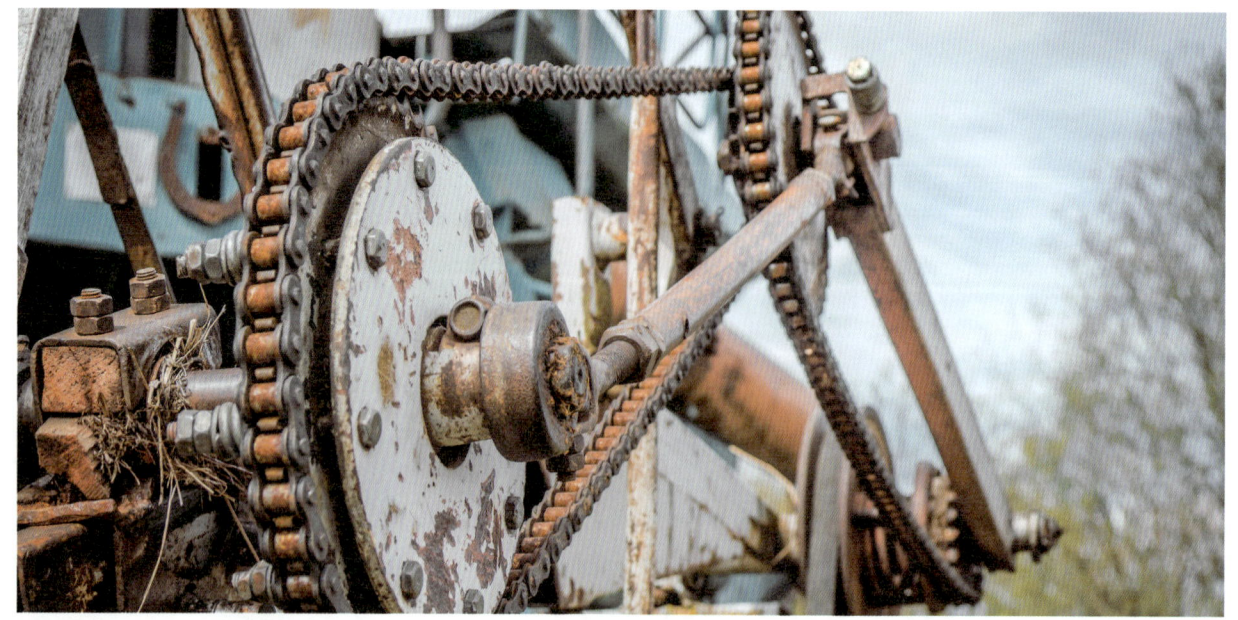

圖 9-2　使用數個鏈條及鏈輪傳動

2 積木寫生─鏈輪

請參考圖 9-3a 組裝一個鏈條及鏈輪傳動模型，鏈條的長度可依實際需求增長或縮減，完成後，再按下列步驟，依序完成鏈條及鏈輪傳動之模型製作，如圖 9-3b 所示。

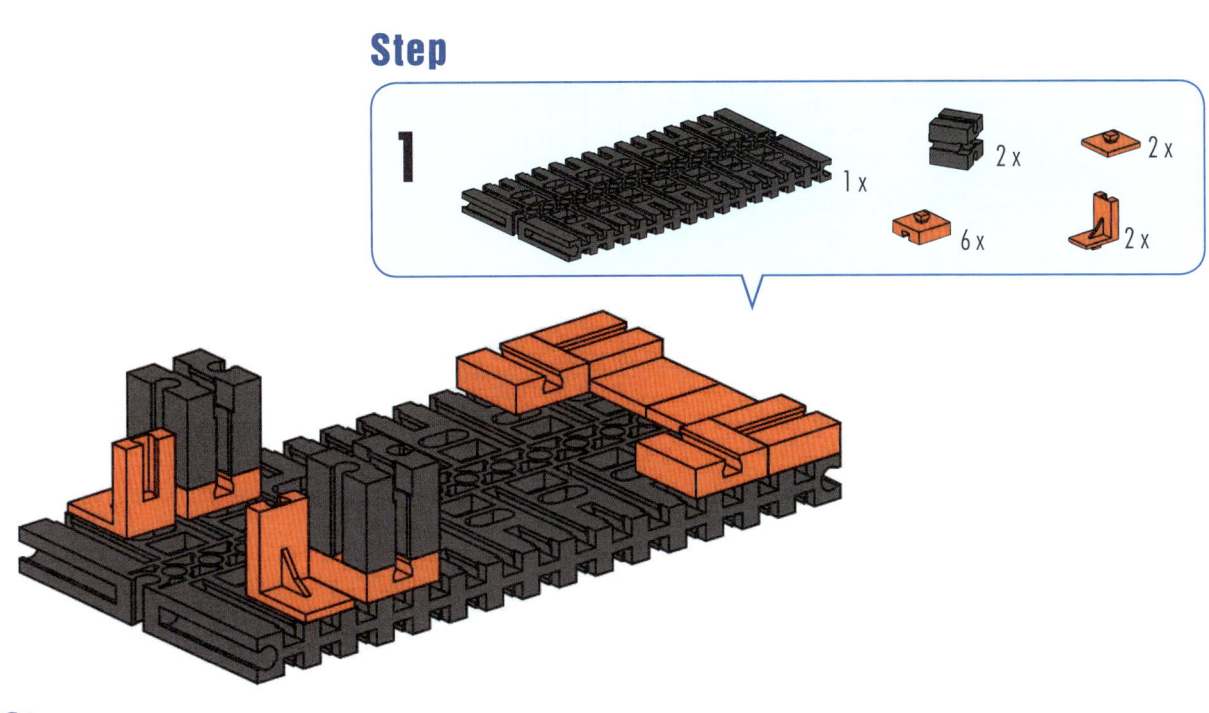

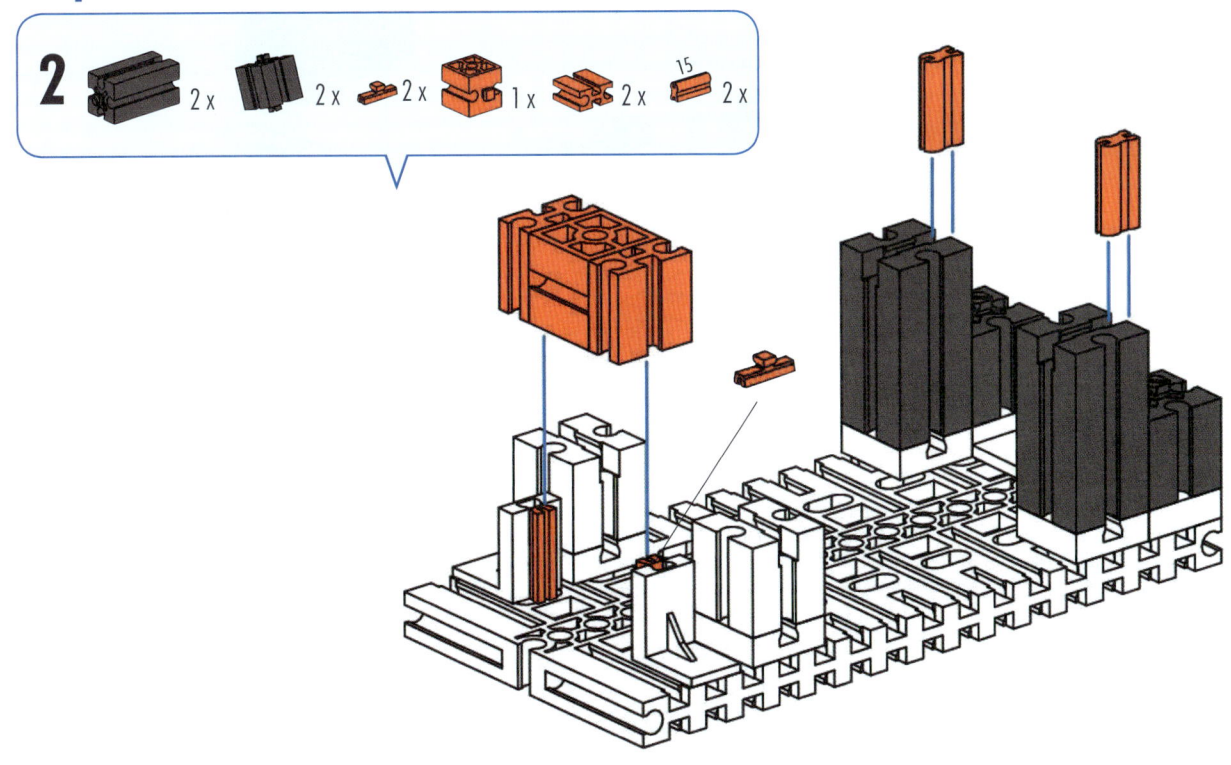

Step 1

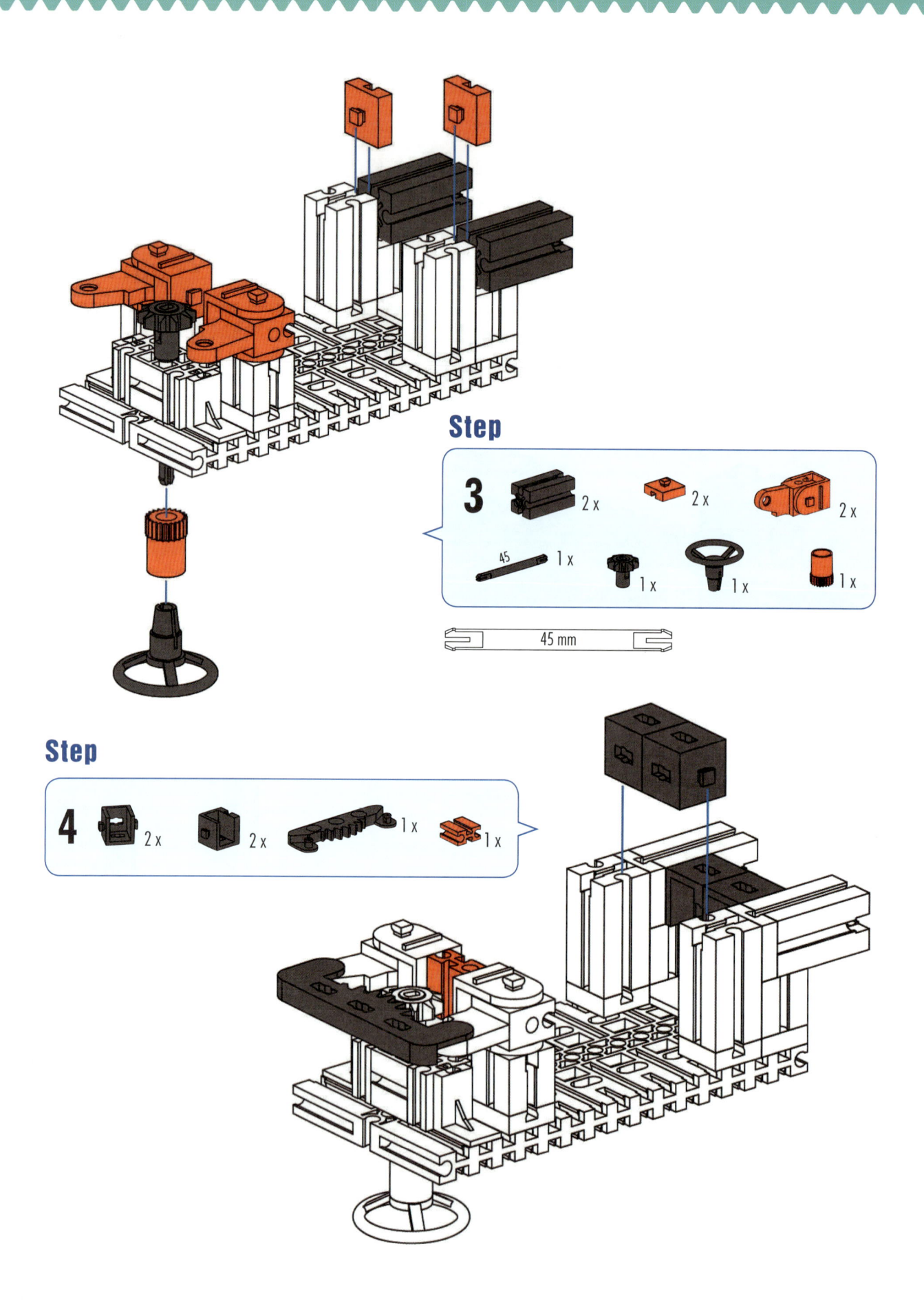

84　孩子的第一本工程科學 II
— 使用 fischertechnik 工程積木學習機構與設計實務

Step 3

2 x 2 x 2 x
45 1 x 1 x 1 x 1 x

45 mm

Step 4

2 x 2 x 1 x 1 x

單元 9　鏈輪　85

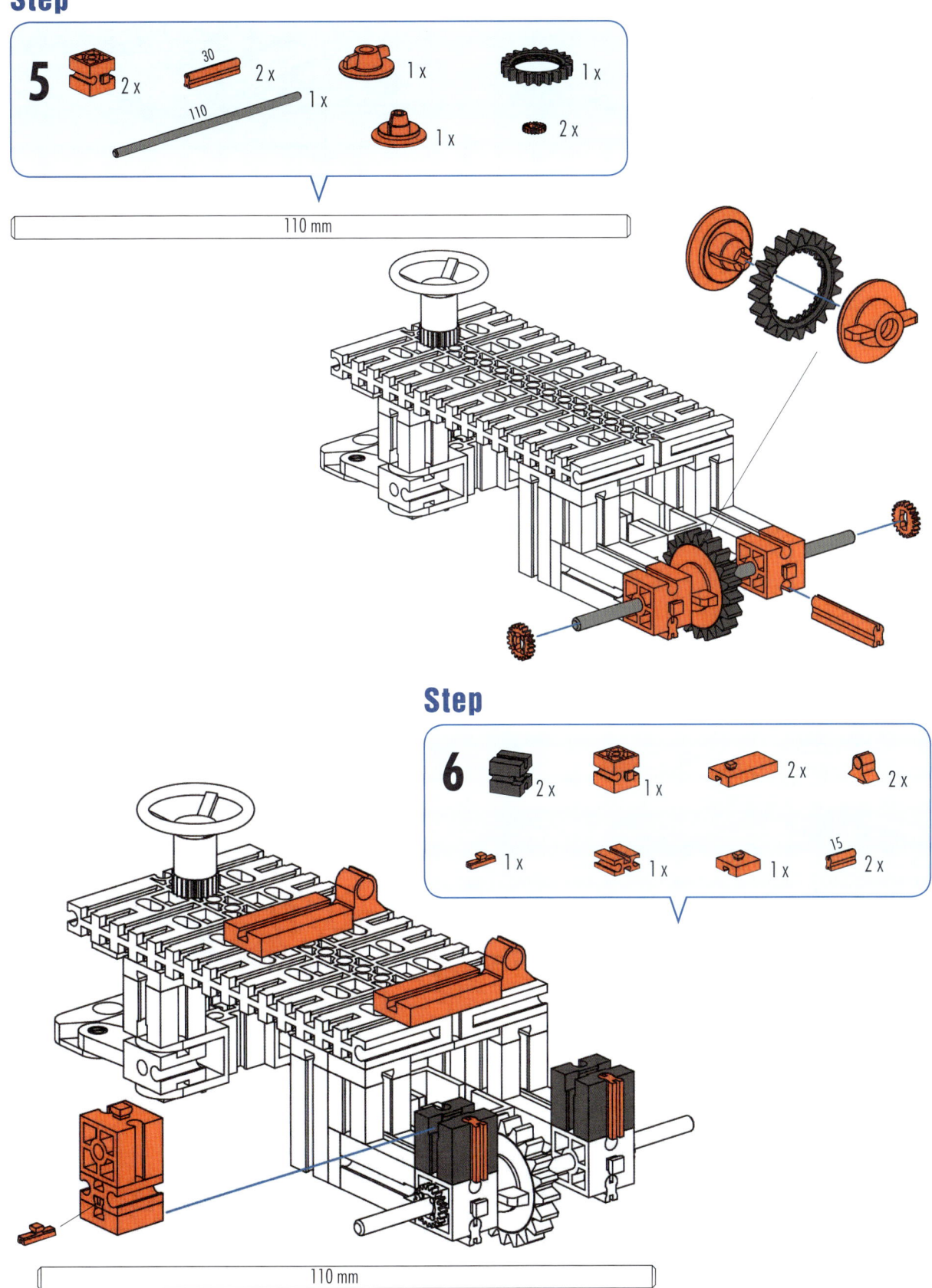

Step 5

2x, 30 2x, 1x, 1x
110 1x, 1x, 2x

110 mm

Step 6

2x, 1x, 2x, 2x
1x, 1x, 1x, 15 2x

110 mm

Step 7

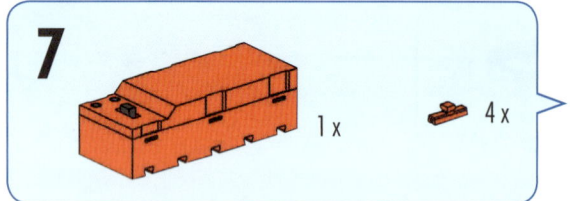

1x   4x

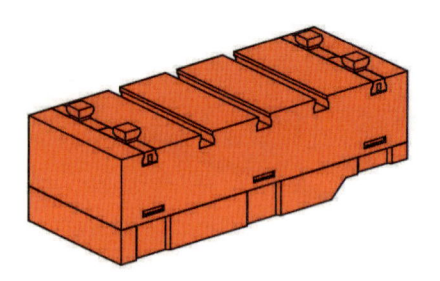

Step 8

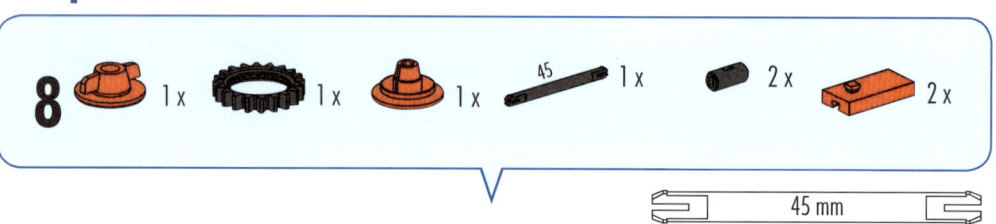

1x　1x　1x　45 1x　2x　2x

45 mm

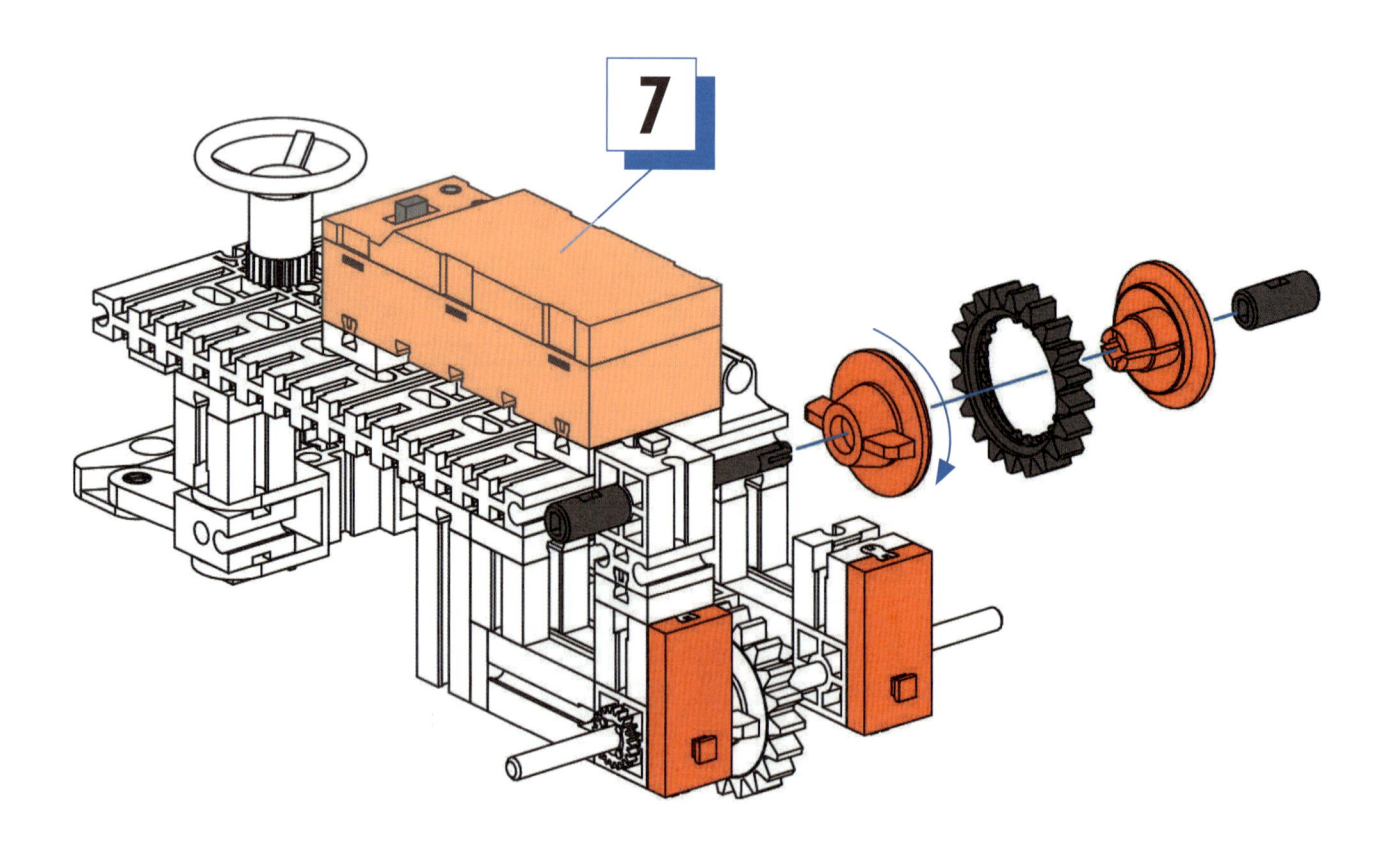

單元 9　鏈輪　87

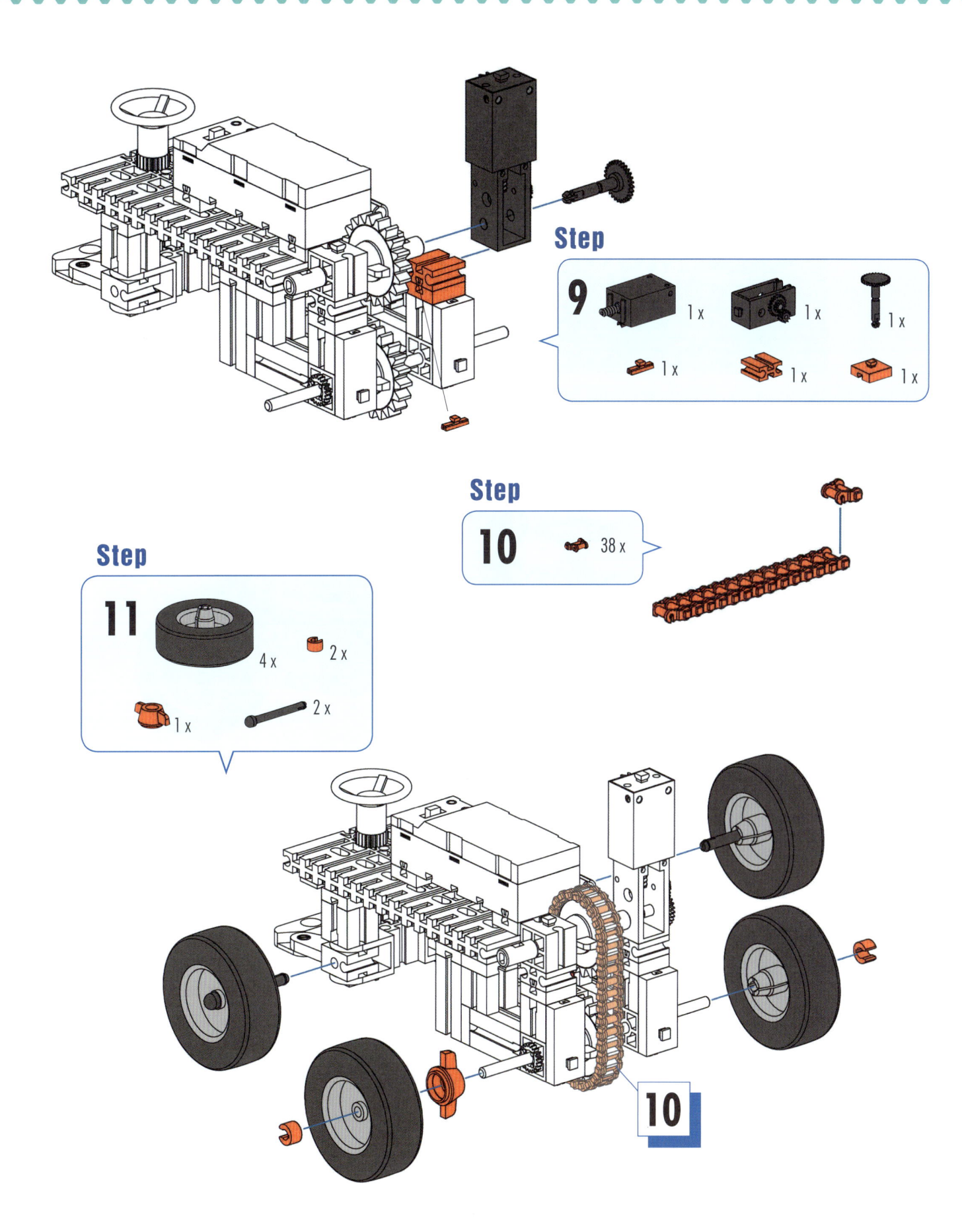

Step 9
1x　1x　1x
1x　1x　1x

Step 10
38x

Step 11
4x　2x
1x　2x

10

88　孩子的第一本工程科學 II
　　—使用 fischertechnik 工程積木學習機構與設計實務

a. 鏈條與鏈輪

b. 由鏈條及鏈輪帶動之車子模型

圖 9-3　鏈條與鏈輪傳動模型

3　工程實驗

1. 在圖 9-3a 的鏈輪傳動模型，當手轉動曲柄，觀察鏈條在傳達動力時，會有什麼現象發生，要如何解決？

2. 把 20 齒齒輪（鏈輪）拿掉，改成帶輪傳動，比較鏈輪及帶輪傳動有什麼不一樣的地方？

3. 假設有一鏈條之有效張力為 150N，主動鏈輪節圓直徑為 25cm，轉速為 800rpm，求其傳動功率及傳動馬力值各為多少？

4 實驗結果

1. 鏈條與鏈輪組合傳動時，為了能使鏈條容易脫離鏈輪，緊邊側應在上方，下方為鬆邊側，剛好與帶輪傳動相反。另外，如下圖所示，也可以在鬆邊加上一個壓力輪，改善擺動及噪音現象。

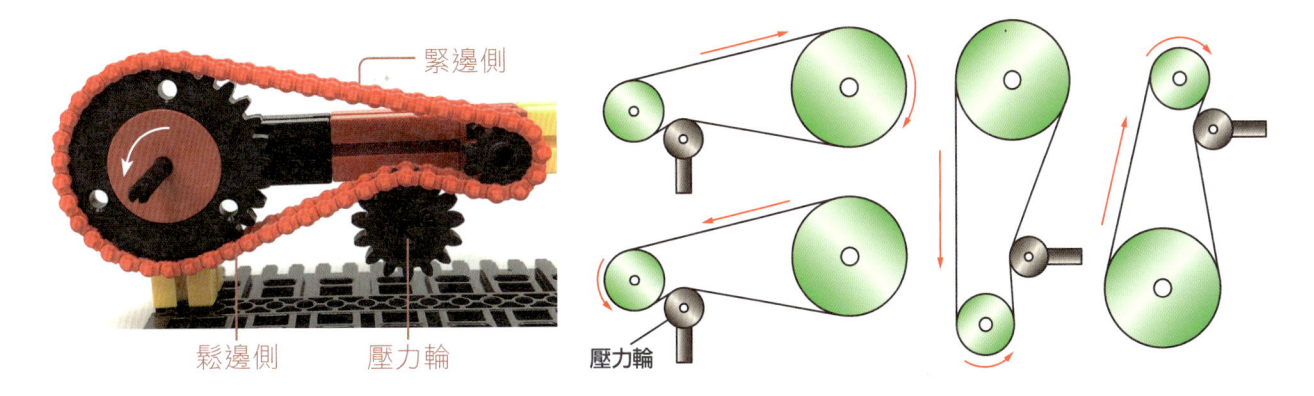

2. 如右圖所示，帶輪轉動時，車體的重量會使得輪胎與接觸面之間的摩擦力變大，轉動瞬間，可以很清楚地看到帶輪上的橡皮筋會有緊邊側與鬆邊側，在橡皮筋緊邊張力達到足夠程度時，車子才會克服慣性開始運動，所以帶輪會有極短暫時間處在空轉狀態，然而，使用鏈輪傳動時動作比較立即及確實。

3. 設鏈條轉動速度為 V，緊邊張力 F_1，節圖直徑為 D，鏈輪轉速為 N，傳動功率為 P，傳動馬力為 PS，則

   (1) 傳動功率為：

   $$P = F_1 V = F_1 \times \frac{\pi DN}{60}$$
   $$= 150 \times \frac{(\pi \times 0.25 \times 800)}{60}$$
   $$= 500\pi = 1570 W$$
   $$= 1.57 \text{ kW}$$

   (2) 傳動馬力為：

   $$PS = \frac{P}{735} = \frac{1570}{735} = 2.14 \text{ PS}$$

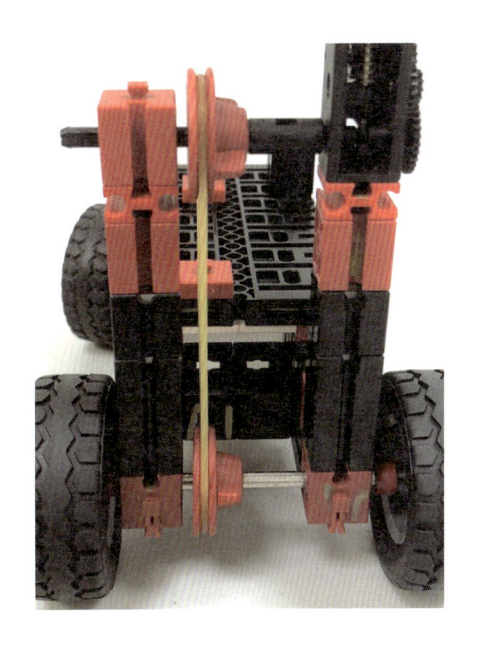

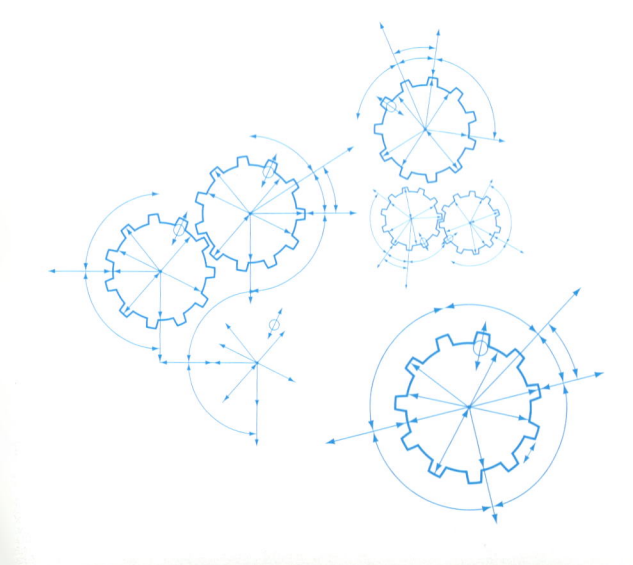

單元 10
齒輪與輪系

⚙ 學習目標

1. 能瞭解齒輪的種類與功能
2. 能應用工程積木製作不同種類齒輪傳動模型
3. 能知道輪系值的意義
4. 能運用零件延伸各式齒輪傳動機構創作
5. 能設計工程實驗流程並歸納結果

1 齒輪的種類及功能

在摩擦輪傳動機構中，若主動輪的正壓力不足或太大，主從動件之間都會產生打滑的現象。工程師為了改善這個缺點，在摩擦輪的輪面，依一定的曲線和距離，做成不同輪齒的形狀取代摩擦輪，則此機件稱為齒輪（Gear），如圖 10-1 所示。

不同於摩擦輪靠摩擦力傳達動力，齒輪則是靠輪齒之間的推力，所以能傳達較大的力，而且有確實的速比，缺點是僅適合力傳達距離短的場合。

齒輪依主動輪與從動輪的兩根傳動軸相對位置，可分為下列三種：

圖 10-1　各式齒輪

1 兩軸相平行

① 外齒輪

如圖 10-2a 中所示為外齒輪（External gear），是正齒輪（Spur gear）的一種，所謂的正齒輪，係指輪齒與軸平行之齒輪，兩個嚙合外齒輪轉向相反。外齒輪是由兩個外接摩擦輪演變而來。

a. 正齒輪 　　　　b. 外齒輪嚙合 　　　　c. 實體圖

圖 10-2　外齒輪

② 內齒輪

如圖 10-3a 所示為內齒輪（Internal gear），又稱環狀齒輪（Annular gear）。內齒輪的輪齒與另一個或多個小齒輪（Pinion）相互嚙合，如圖 10-3b 所示，兩個嚙合內齒輪轉向相同。內齒輪是由兩個內接摩擦輪演變而來。

　　a. 內齒輪　　　　b. 內齒輪嚙合　　　　c. 實體圖　　　　d. 實體圖

圖 10-3　內齒輪

③ 齒條與小齒輪

如圖 10-4 所示為齒條與小齒輪（Rack and pinion）。可以把齒條視為節圓半徑無窮大的外齒輪，嚙合時，以小齒輪當作主動件，齒條當作從動件，可以把齒輪的旋轉運動，轉成齒條的線性往復式運動，此種機構常用於水閘門升降機構，如圖 10-5 所示。

圖 10-4　實體圖　　　　　　　　　　圖 10-5　水閘門升降機構

④ 其他

除上述各類齒輪外，還有多種用於不同場合的齒輪種類，如圖 10-6 所示螺旋齒輪、圖 10-7 人字齒輪及針輪等。

圖 10-6　螺旋齒輪　　　　　　　　圖 10-7　人字齒輪

2 兩軸相交

① 直齒斜齒輪

斜齒輪（Bevel gear）俗稱傘形齒輪，是從圓錐形摩擦輪演變而來。此種齒輪廣泛被應用於汽車的差速器，如圖 10-8a 所示，以及行星齒輪減速機構中，也常使用在水閘門升降機構，如圖 10-8b 所示。

a. 直齒斜齒輪　　　　　　　　b. 水閘門升降機構

圖 10-8　直齒斜齒輪

② 斜方齒輪

　　當兩個直齒斜齒輪的大小相同，而且兩軸相互垂直，則稱為斜方齒輪（Miter gear），如圖 10-9 所示。

a. 斜方齒輪 　　　　　　　　　　b. 斜方齒輪機構

圖 10-9　斜方齒輪

③ 冠狀齒輪

　　若斜齒輪的半錐角呈 90 度，此時齒形會在平盤面上，則稱為冠狀齒輪（Crown gear），如圖 10-10 所示。

圖 10-10　冠狀齒輪

3 兩軸不平行亦不相交

蝸桿與蝸輪嚙合時，如圖 10-11 所示，蝸桿必為主動件，蝸輪為從動件。此種組合有下列特點：

(1) 若蝸桿為單螺旋設計，則可視為齒數為一齒，驅動一個 30 齒的蝸輪時，蝸桿轉動 30 圈，則蝸輪轉動一圈，能有高的減速比，及產生大的扭力。

a. 蝸桿與蝸輪　　b. 蝸桿與蝸輪嚙合　　c. 蝸桿與蝸輪在水閘門的應用

圖 10-11　蝸桿與蝸輪

2 齒輪各部位名稱

本書旨在培養讀者建立基礎工程及機構學之素養，比較理論的內容會先排除在本書中呈現。齒輪在機構學中是非常重要的單元，在此，筆者僅做重點摘要性的說明，若有興趣的讀者，可以透過其他管道做深度瞭解。齒輪重要部位名稱如圖 10-12 所示，重要名稱說明如下。

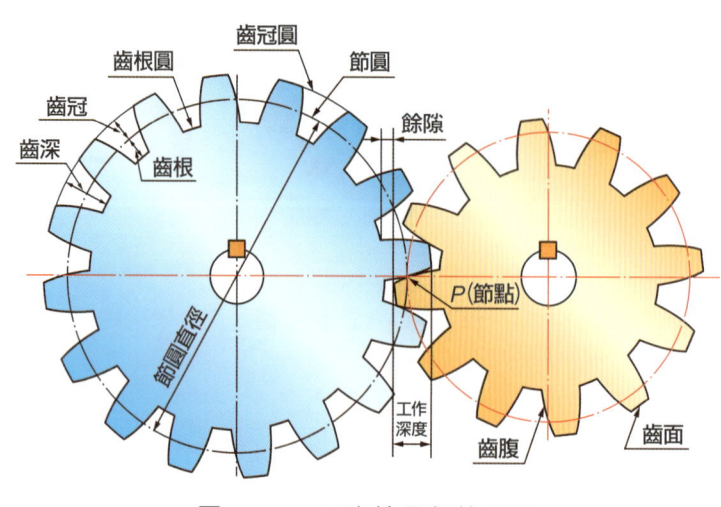

圖 10-12　正齒輪各部位名稱

(1) **節圓**：是構成齒輪的理論圓形，是設計齒輪之基礎，齒條之節圓為一直線，稱為節線（Pitch line）。

(2) **節圓直徑**（Pitch diameter）：簡稱節徑，也就是節圓的直徑。

(3) **節點**（Pitch point）：在兩相嚙合之齒輪，其節圓相切之點稱為節點，且節點必位於兩節圓之連心線上，如圖中的 P 點。

(4) **模數**（Module）：為每一齒所占有節圓直徑之長度，單位為 mm。模數用以表示公制齒輪之輪齒大小，模數愈大，輪齒之齒形愈大；反之，模數愈小，則輪齒之齒形愈小，如圖 10-13 所示。設一公制齒輪之節徑為 D，齒數為 T，則其模數 M 為：$M = \dfrac{D}{T}$。

(5) **其他**：尚有齒冠、齒冠圓、齒根、齒根圓、齒深、工作深度、間隙、齒面、齒腹、徑節、齒厚、齒間、齒隙…等，如果你對這些齒輪相關的名稱及定義感到興趣，可以把網路當作延伸學習的資源。

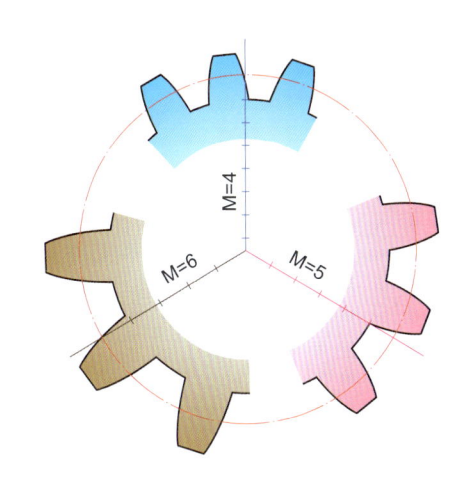

圖 10-13 公制齒輪之模術比較

3 齒輪基本定律

兩嚙合齒輪在節圓上為滾動接觸，所以其切線速度必相等，這樣轉速比才能維持固定，假設兩個嚙合齒輪之切線速度為 V，節徑各為 D_A 及 D_B，每分鐘轉速各為 N_A 及 N_B，齒數各為 T_A 及 T_B，則 $V = \pi D_A N_A = \pi D_B N_B$，即：$\dfrac{N_A}{N_B} = \dfrac{D_B}{D_A} = \dfrac{T_A}{T_B}$。

由上述可得知：

(1) 兩齒輪的每分鐘轉速與其節徑成反比。

(2) 兩齒輪的齒數與其節徑成正比。

4 輪系值

　　凡是兩個以上的齒輪、摩擦輪或帶輪的組合，若能將一軸的動力傳達到另一軸，則稱為輪系（Train of wheels）。在輪系中，末輪和首輪轉速的比值稱之為輪系值（Train Value）。輪系值有正負之分，當首末兩輪的迴轉方向相同時，則輪系值取「＋」號；若相反，則輪系值取「－」號。如果末輪之轉速為 $N_{末}$，首輪之轉速為 $N_{首}$，則輪系值 e 為：

$$e = \frac{N_{末}}{N_{首}}$$

　　本書用正號（＋）表示齒輪順時針方向旋轉，負號（－）表示齒輪逆時針方向旋轉。由上式輪系公式得知，輪系值有三種情形：

(1) $|e| > 1$ 時為增速輪系：表示末輪轉速大於首輪轉速。

(2) $|e| = 1$ 時為轉速不變：表示末輪轉速等於首輪轉速。

(3) $|e| < 1$ 時為減速輪系：表示末輪轉速小於首輪轉速。

　　一個輪系至少由兩個齒輪組成。凡是藉其輪面直接或間接去推動另一輪，則稱為主動輪（Driving wheel）；反之，凡藉其輪面直接或間接去被另一輪所推動，則稱為從動輪（Driven wheel）。認識輪系有什麼目的呢？輪系之產生，是因為一般主動件輸入的轉速為定值較多，而輸出的從動件，通常會被設計有不同轉速的變化，例如汽車之變速箱，如圖 10-14 所示，由排檔桿控制不同的檔位，如圖 10-15 所示，以達到起動、增速、減速或倒車之目的，因此便需採用適當之輪系，以達到改變速度、方向與扭力之目的。

圖 10-14　變速箱模型

圖 10-15　汽車排檔檔位圖示

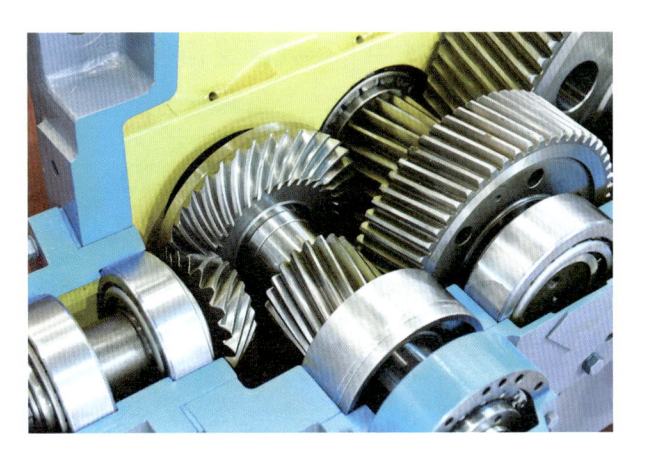

圖 10-16　汽車齒輪變速箱

5　輪系的種類

輪系的分類可區分為下列幾種：

1　單式輪系（Simple Train）

各輪均繞固定軸心旋轉，每一個中間軸上又只有一個齒輪者，又稱之為定心輪系（Fixed center train），或普通輪系（Ordinary train），如圖 10-17 所示。在圖 10-17 中，A 為首輪、D 為末輪、B、C 為惰輪，其各輪轉速分別為 N_A、N_B、N_C 及 N_D，各齒數分別為 T_A、T_B、T_C 及 T_D，由齒輪傳動原理得知，轉速與齒數成反比，則可得：

$$\frac{N_B}{N_A}=\frac{T_A}{T_B} \quad \frac{N_C}{N_B}=\frac{T_B}{T_C} \quad \frac{N_D}{N_C}=\frac{T_C}{T_D}$$

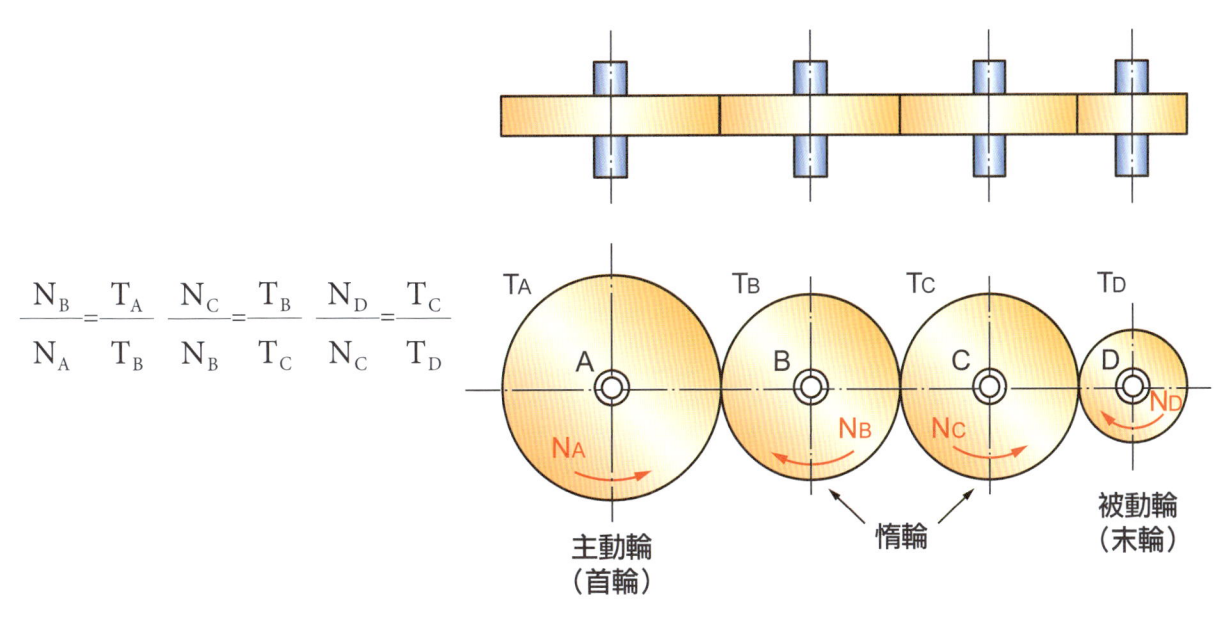

圖 10-17　單式輪系

在上列三式中，等號兩邊相乘，則得：$\dfrac{N_D}{N_A}=\dfrac{T_A}{T_D}$

故單式輪系值可整理為：$e=\dfrac{N_{末}}{N_{首}}=\overset{+}{_{-}}=\dfrac{T_{首}}{T_{末}}$

從上列公式可發現，輪系值與惰輪之齒數無關，惰輪（Idle wheel）個數只會影響末輪方向，與所佔空間，並不會影響輪系值。如果惰輪數為奇數，則輪系值為「＋」，表示首末兩輪轉向相同，反之為「－」。

2 複式輪系（Compound Train）

在圖 10-18 所示的複式輪式中，可以得到較大的輪系值。若 A 為首輪、D 為末輪，B 與 C 為同軸中間輪，其各輪轉速分別為 N_A、N_B、N_C 及 N_D，各齒數分別為 T_A、T_B、T_C 及 T_D，由齒輪傳動原理得知，轉速與齒數成反比，則可得：

$$\dfrac{N_B}{N_A}=\dfrac{T_A}{T_B} \quad \dfrac{N_C}{N_B}=\dfrac{T_B}{T_C} \quad \dfrac{N_D}{N_C}=\dfrac{T_C}{T_D}$$

在上列三式中，等號兩邊相乘，則得：

$$\dfrac{N_B\times N_D}{N_A\times N_C}=\dfrac{T_A\times T_C}{T_B\times T_D}$$

因為 N_B 與 N_C 同軸，所以 $N_B=N_C$，

故：$\dfrac{N_D}{N_C}=\dfrac{T_A\times T_C}{T_B\times T_D}$，

所以複式輪系值可整理為：

$e=\dfrac{N_{末}}{N_{首}}=\overset{+}{_{-}}=\dfrac{T_A\times T_C}{T_B\times T_D}$

上式輪系值為外接齒輪，若有配合摩擦輪、帶輪、鏈輪傳動時，則不在本書討論範圍。

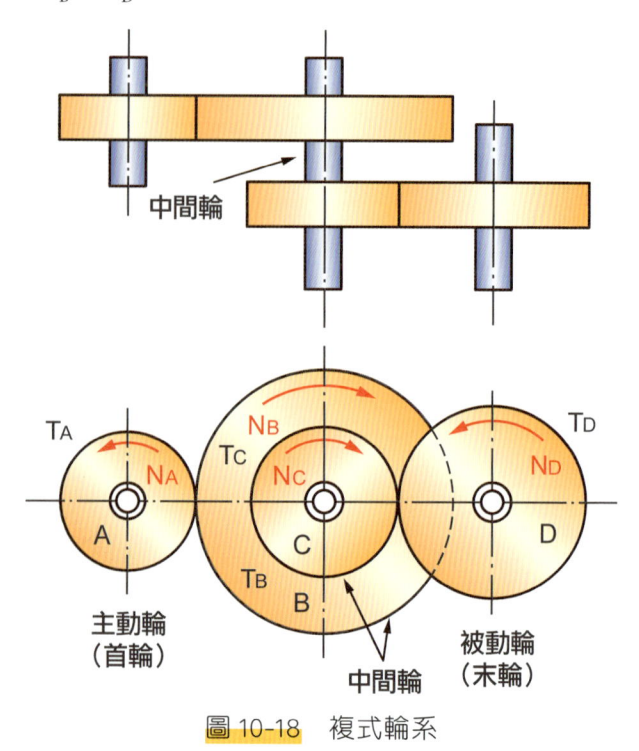

圖 10-18　複式輪系

3 周轉輪系（Epicyclic Train）

在一輪系中，至少有一輪軸除了自轉外，還會繞另一輪軸旋轉，稱為周轉輪系，又稱之為行星輪系（Planetary train），如圖 10-19 所示。

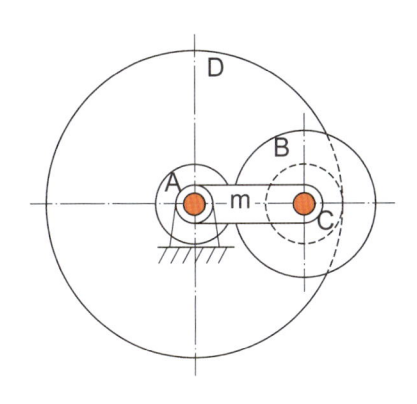

圖 10-19 周轉輪系

4 回歸齒輪系（Reverted Gear Train）

若首輪與末輪之輪軸在同一軸線上時，稱為回歸輪系，如圖 10-20 所示，回歸輪系也是複式輪系的一種，常用於車床後列齒輪系，及汽車傳動機構，如圖 10-21 所示。

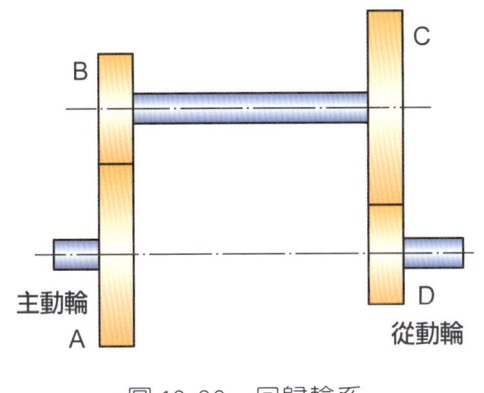

圖 10-20 回歸輪系

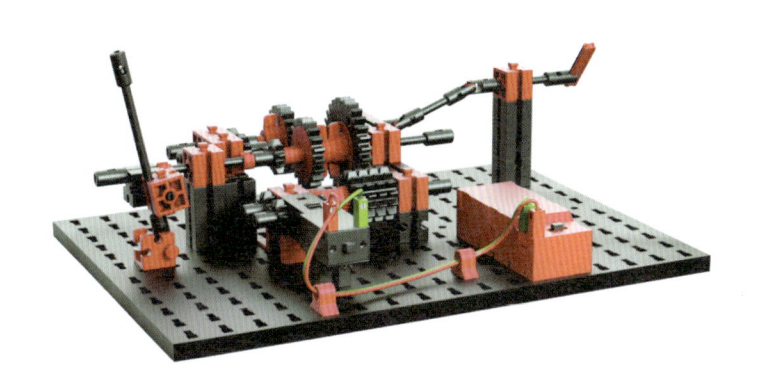

圖 10-21 變速箱傳動模型

只要你能觀察及理解圖 10-21 的變速箱傳動模型原理，再對照圖 10-22 的汽車傳動輪系圖，你就能對變速箱運作有更深一步的瞭解。

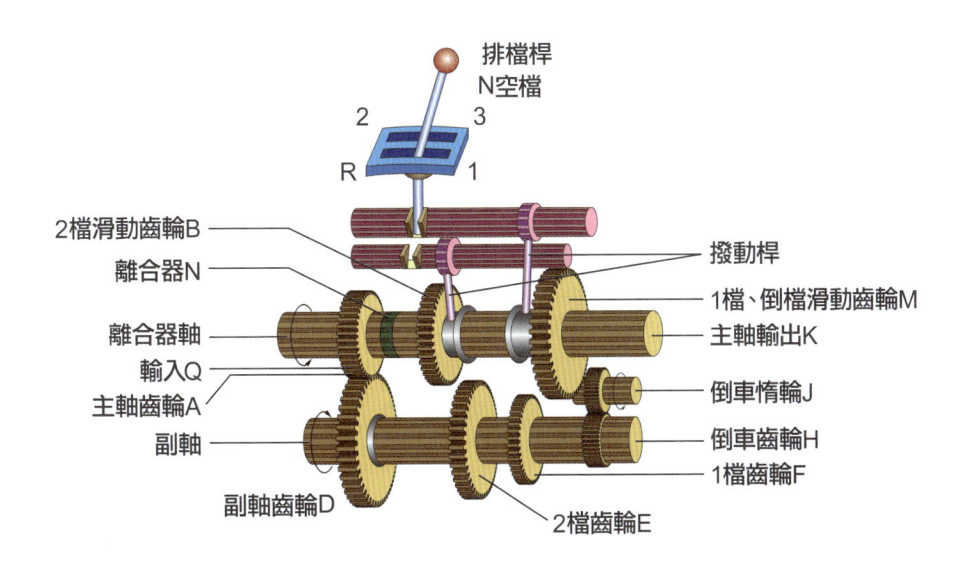

圖 10-22 汽車傳動輪系—回歸輪系之應用

表 10-1　汽車傳動輪系—回歸輪系之應用

檔位	1	2	3	倒車檔
打檔方式	排檔桿在 1 的位置，把齒輪推向齒輪 F。	排檔桿在 2 的位置，把齒輪 B 推向齒輪 E。	排檔桿在 3 位置，把離合器 N 推向與齒輪 A 嚙合。	排檔桿在 R 的位置，把齒輪 M 推向惰輪 J。
打檔順序	$\begin{array}{c} Q - A\ \ M - K \\ \downarrow\ \ \ \ \uparrow \\ D - F \end{array}$	$\begin{array}{c} Q - A\ \ B - K \\ \downarrow\ \ \ \ \uparrow \\ D - E \end{array}$	$Q - A - B - K$	$\begin{array}{c} M - K \\ \uparrow \\ Q - A\ \ J \\ \downarrow\ \ \ \ \uparrow \\ D - H \end{array}$
其他說明	輪系值小，從動軸轉速低，但扭力大。		高速傳動，從動軸 K 與主動軸 Q 轉速相同。	N_K 之轉向與 N_A 相反。

6　積木寫生—齒輪

請參考下列步驟完成正齒輪傳動模型，以及 P104 步驟 1 ～步驟 2 斜齒輪傳動模型製作，如圖 10-25 所示。

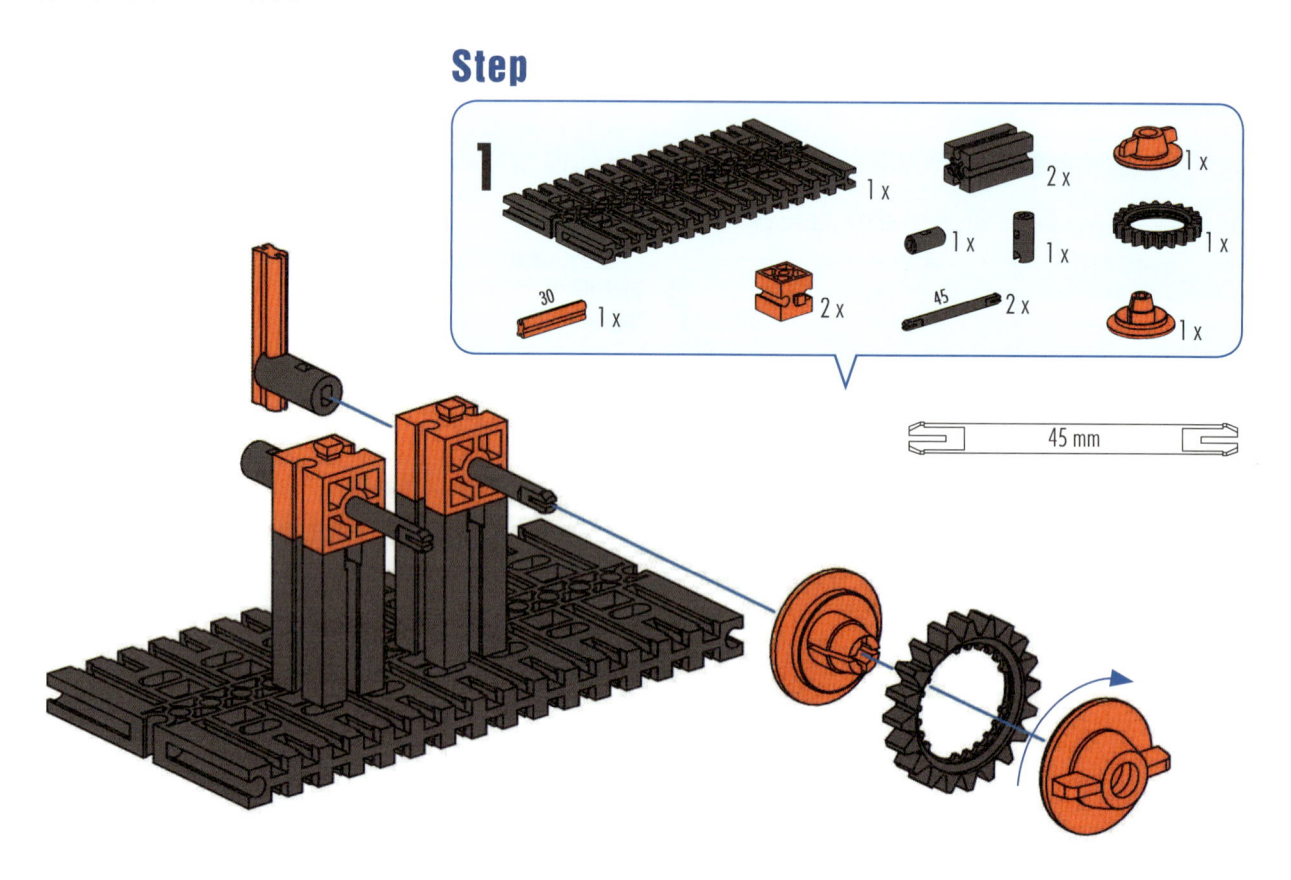

單元 10　齒輪與輪系　103

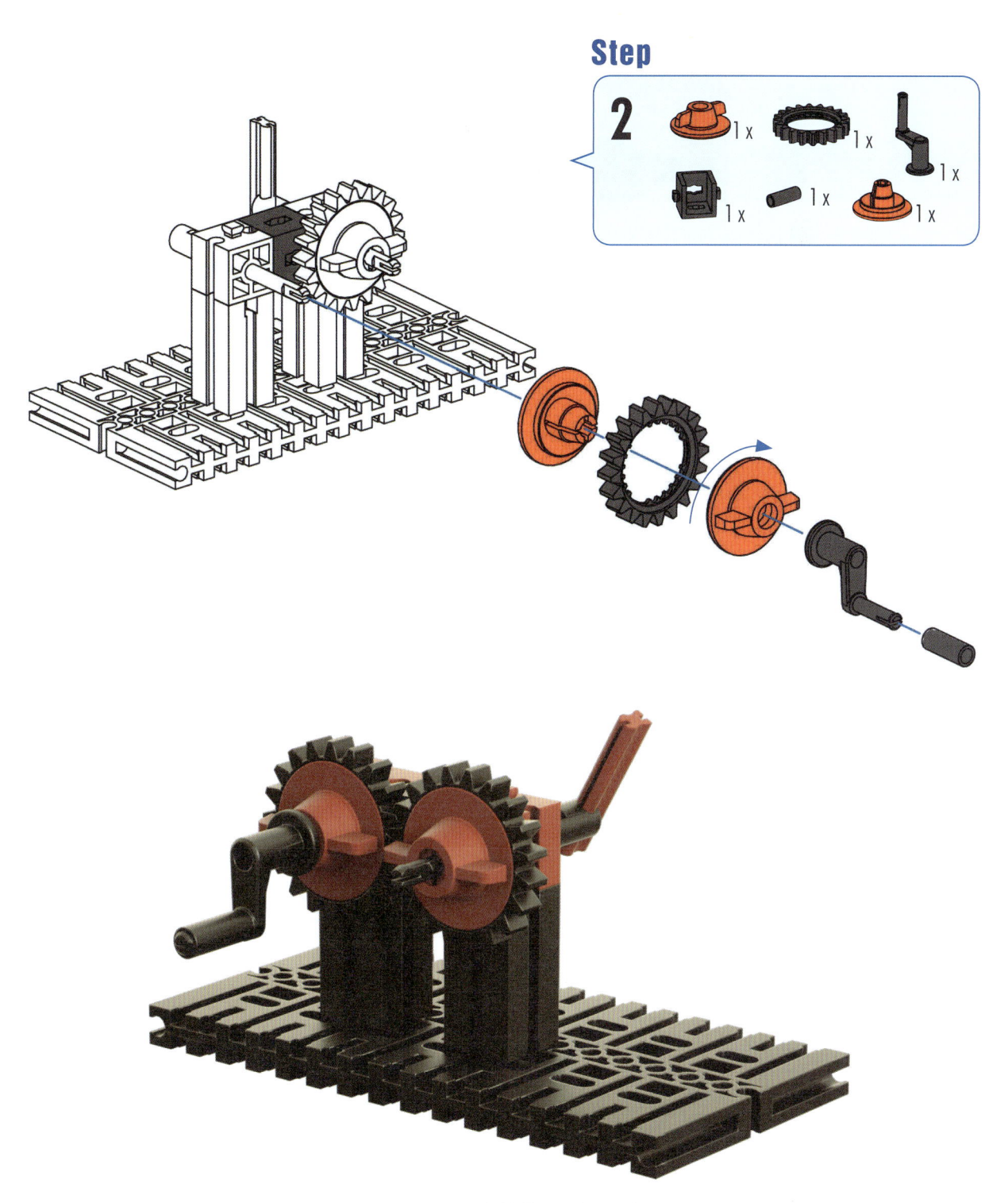

圖 10-23　正齒輪傳動（1:1）

Step 1

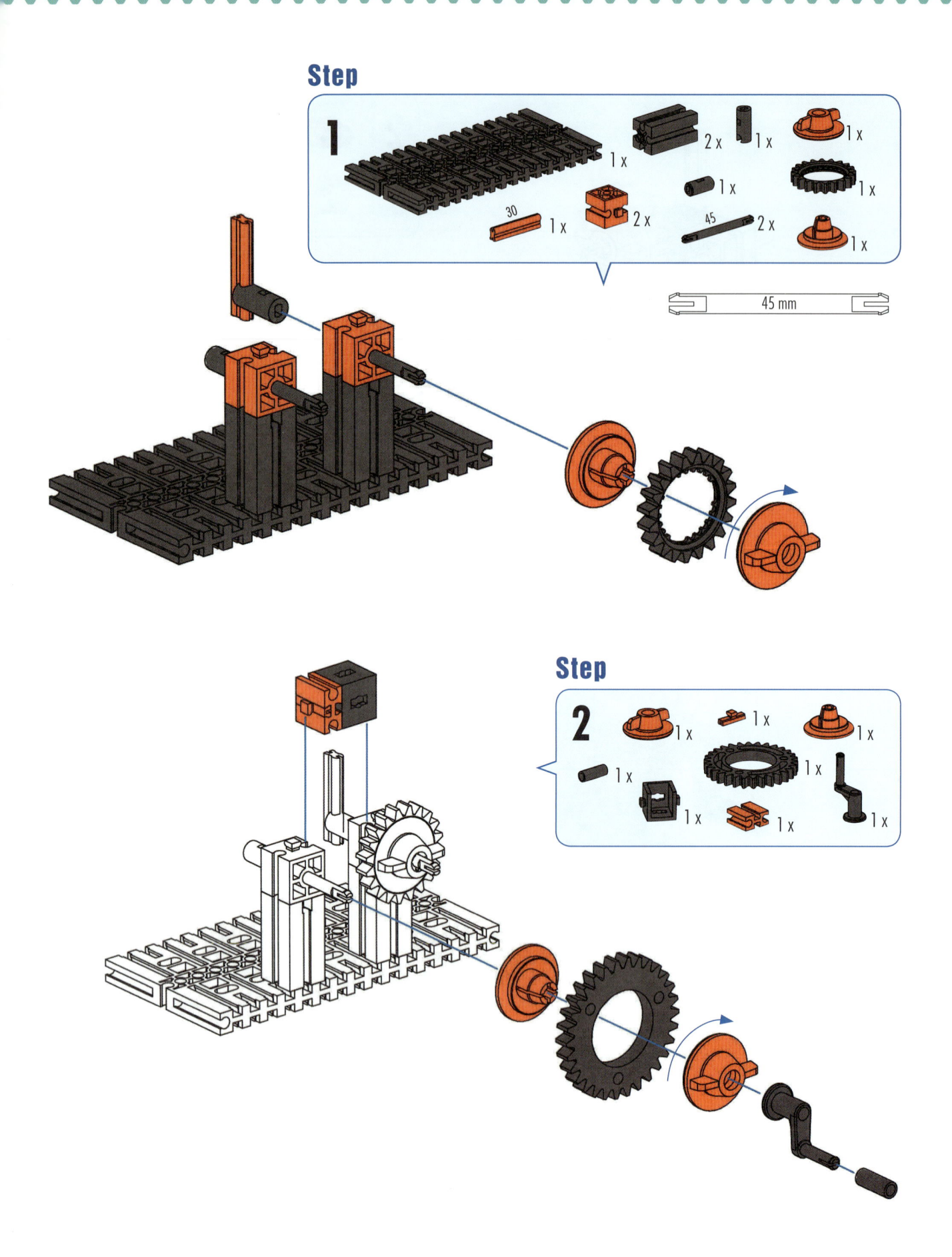

Step 2

45 mm

圖 10-24　正齒輪傳動（3：2）　　　　圖 10-25　斜齒輪傳動（1：1）

7 工程實驗

1. 轉動圖 10-23 的曲柄，兩個齒輪的旋轉方向相同還是相反？
2. 圖 10-24 的傳動機構模型是 30 齒帶動 20 齒，輪系值是多少，轉速增加還是減少？
3. 請你使用一個 10 齒正齒輪帶動 40 齒的傳模型，並計算輪系值，並說明其代表之意義。

8 實驗結果

1. 轉向相反。
2. 輪系值 e = 3：2，e > 1，表示末輪轉速變快（增速）。
3. 輪系值 e = 1：4，e < 1，表示末輪轉速變慢（減速）。

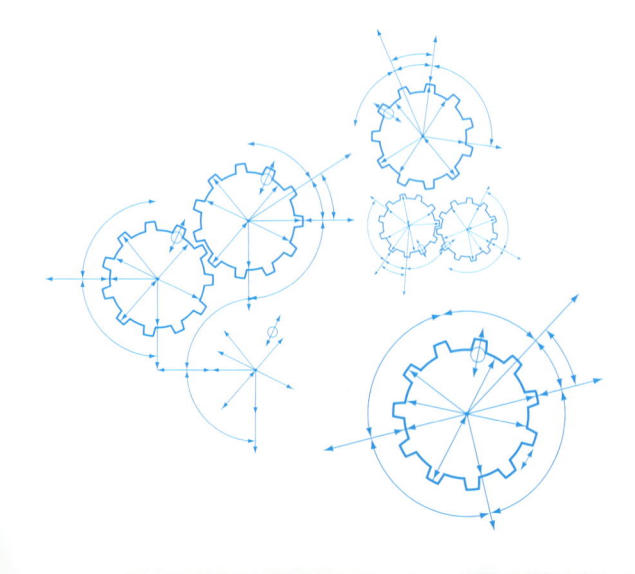

單元 11
電動車

學習目標

1. 能瞭解齒輪比與轉速及扭力之關係
2. 能應用工程積木製作不同齒輪比傳動模型
3. 能觀察出直接傳動與間接傳動的不同
4. 能運用零件延伸電動車機構創作
5. 能設計工程實驗流程並歸納結果

1 認識電動車

電動車（Electric Vehicle）是指使用電能作為動力來源，透過電動機驅動汽車。電動車的發展歷史比內燃機驅動的汽車還要早，直流電機之父匈牙利工程師阿紐什‧耶德利克（Ányos Jedlik），於 1828 年試驗了電磁轉動的行動裝置，接著美國人托馬斯‧達文波特（Thomas Davenport）於 1834 年製造出第一輛直流電機驅動的車子，英國更在 1840 年發明了有軌電車。

圖 11-1　電動車充電

之後由於美國德州石油的大量開採，和內燃機技術不斷改良，電動車在 1920 年後漸漸地失去了發展優勢。近年來，由於蓄電池研發技術大幅提升，開啟了電動車的春天。

為紀念物理學家尼古拉‧特斯拉（Nikola Tesla）而成立的電動車品牌—「Tesla」，在投入市場十多年後，成為全球最暢銷的電動車品牌。未來，「汽車」一詞會被重新定義，內燃機引擎勢必會被電動車所取代，加上車用電子技術的快速發展，汽車會變成一種「智慧行動裝置」。

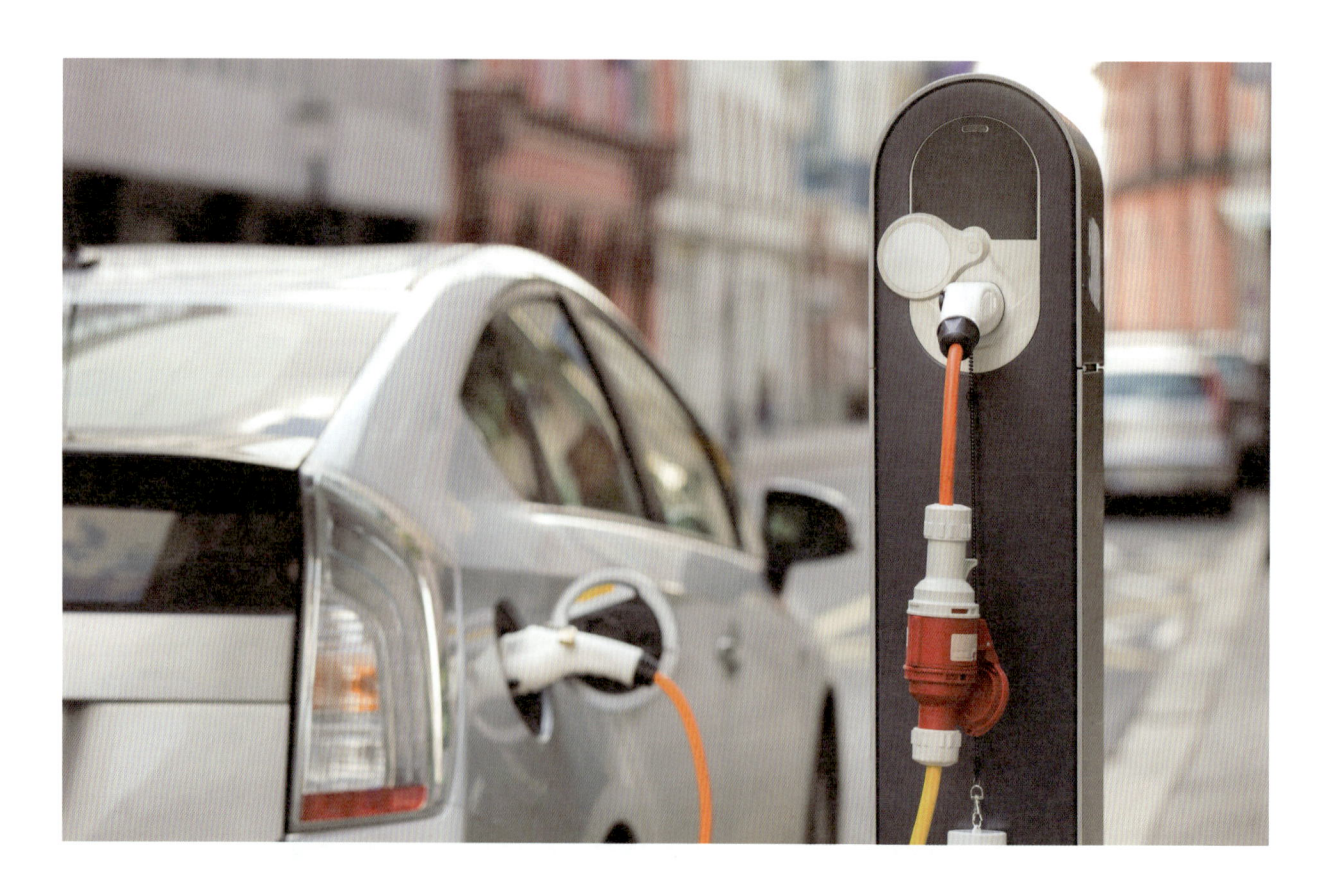

2　積木寫生─電動車

請參考下列步驟，依序完成不同齒輪比傳動的車子模型，如圖 11-2a、圖 11-2b、圖 11-2c 所示。

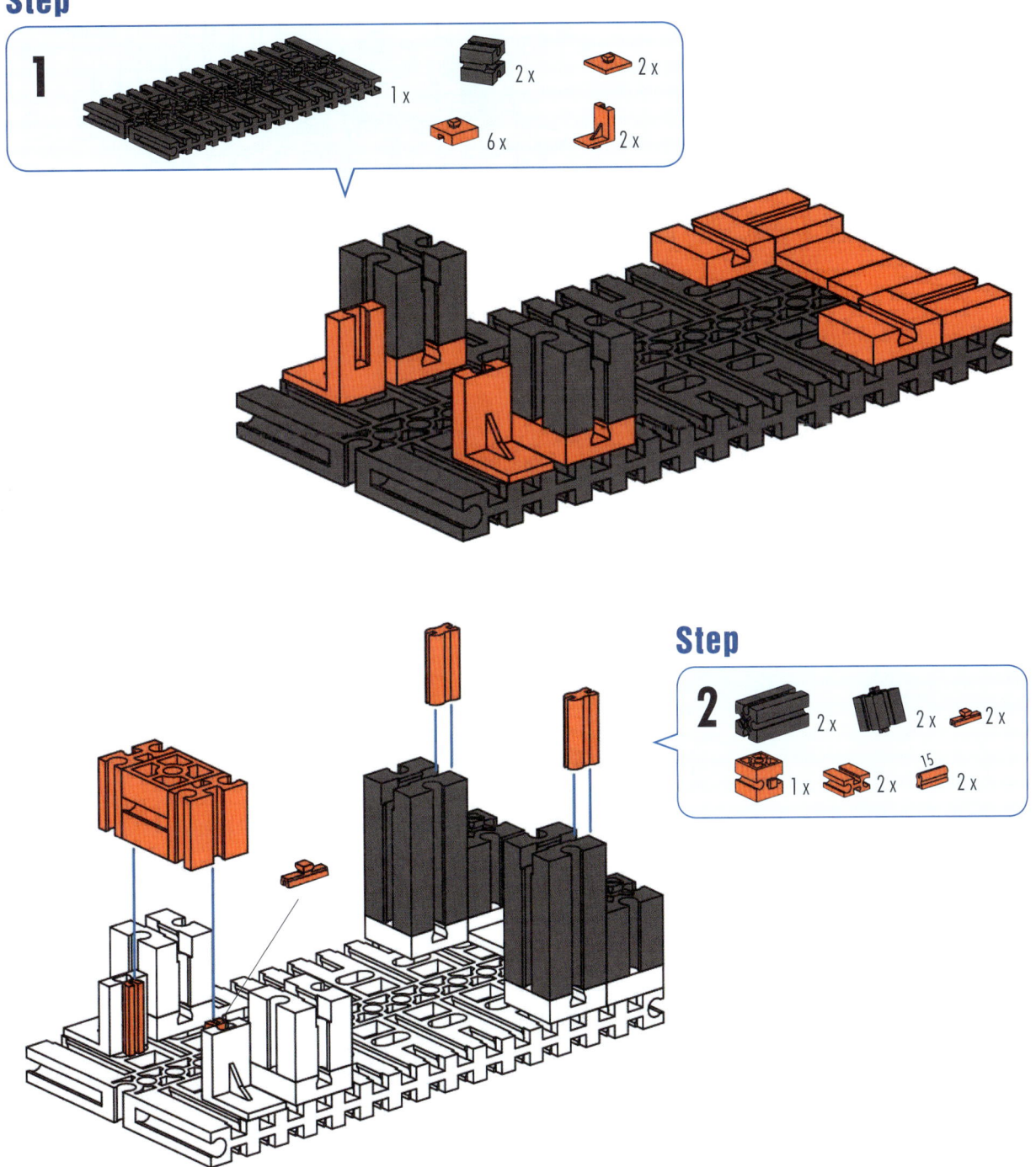

Step 1

Step 2

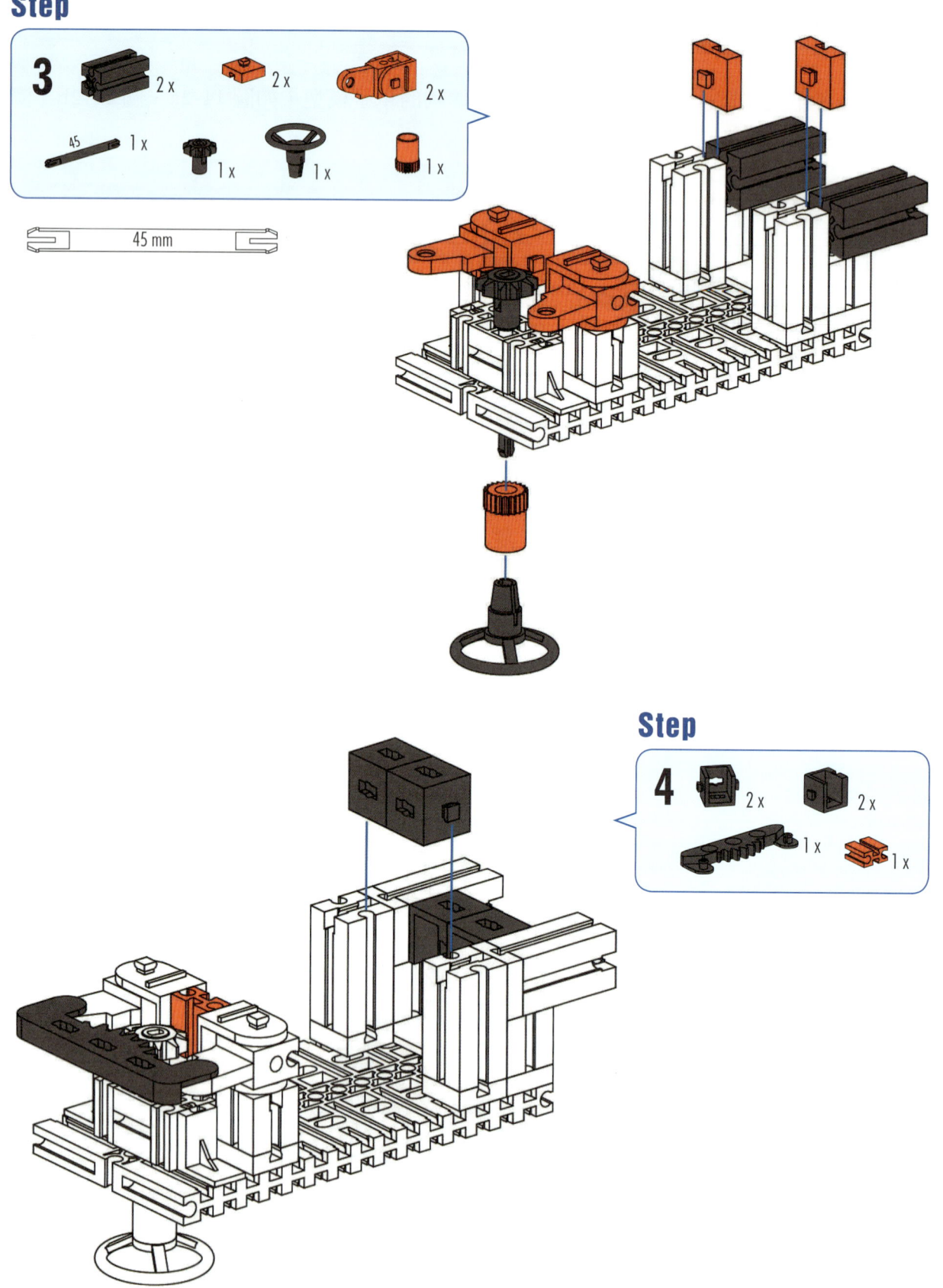

110　孩子的第一本工程科學 II
　　—使用 fischertechnik 工程積木學習機構與設計實務

Step 3

2 x　2 x　2 x
45　1 x　1 x　1 x　1 x

45 mm

Step 4

2 x　2 x
1 x　1 x

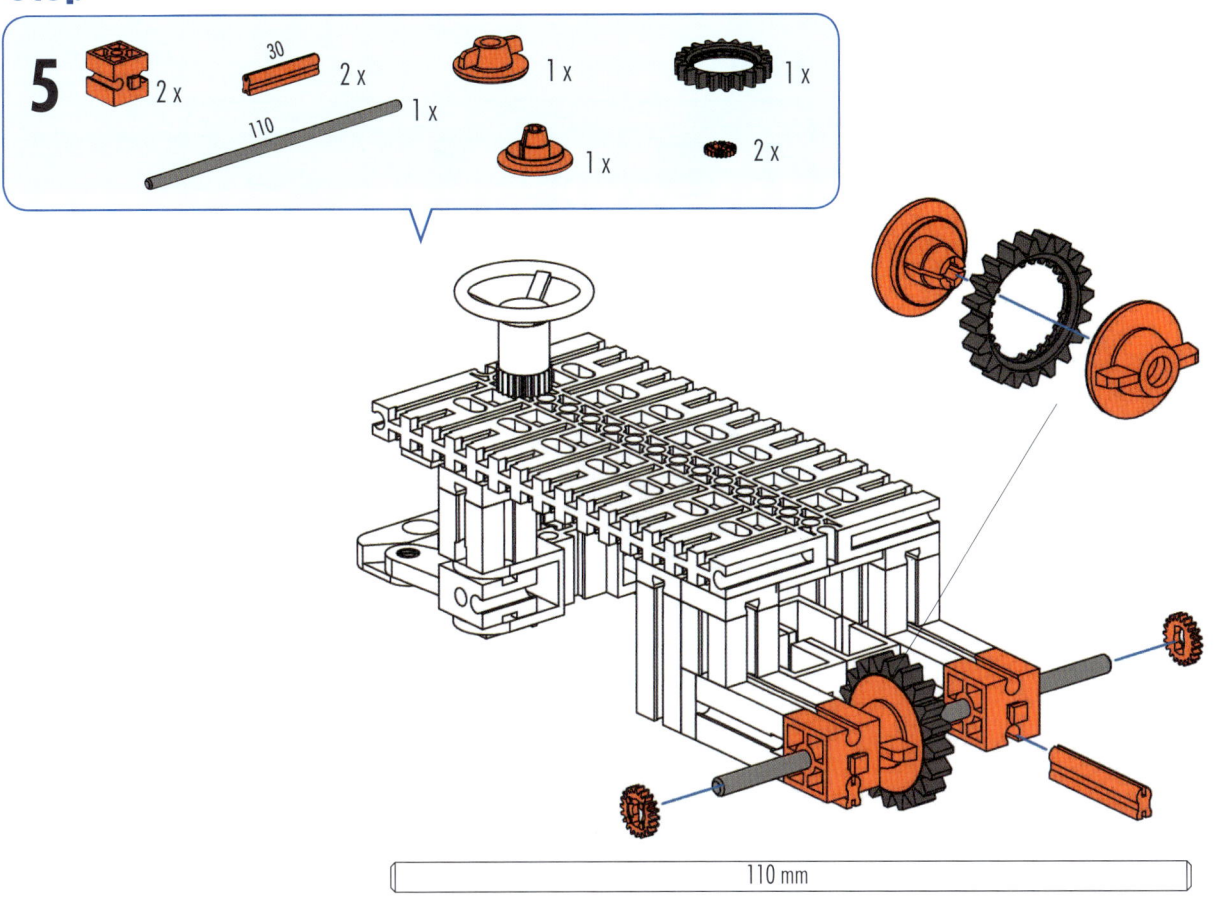

單元 11　電動車　111

Step 5

- 2x
- 30　2x
- 110　1x
- 1x
- 1x
- 1x
- 2x

110 mm

Step 6

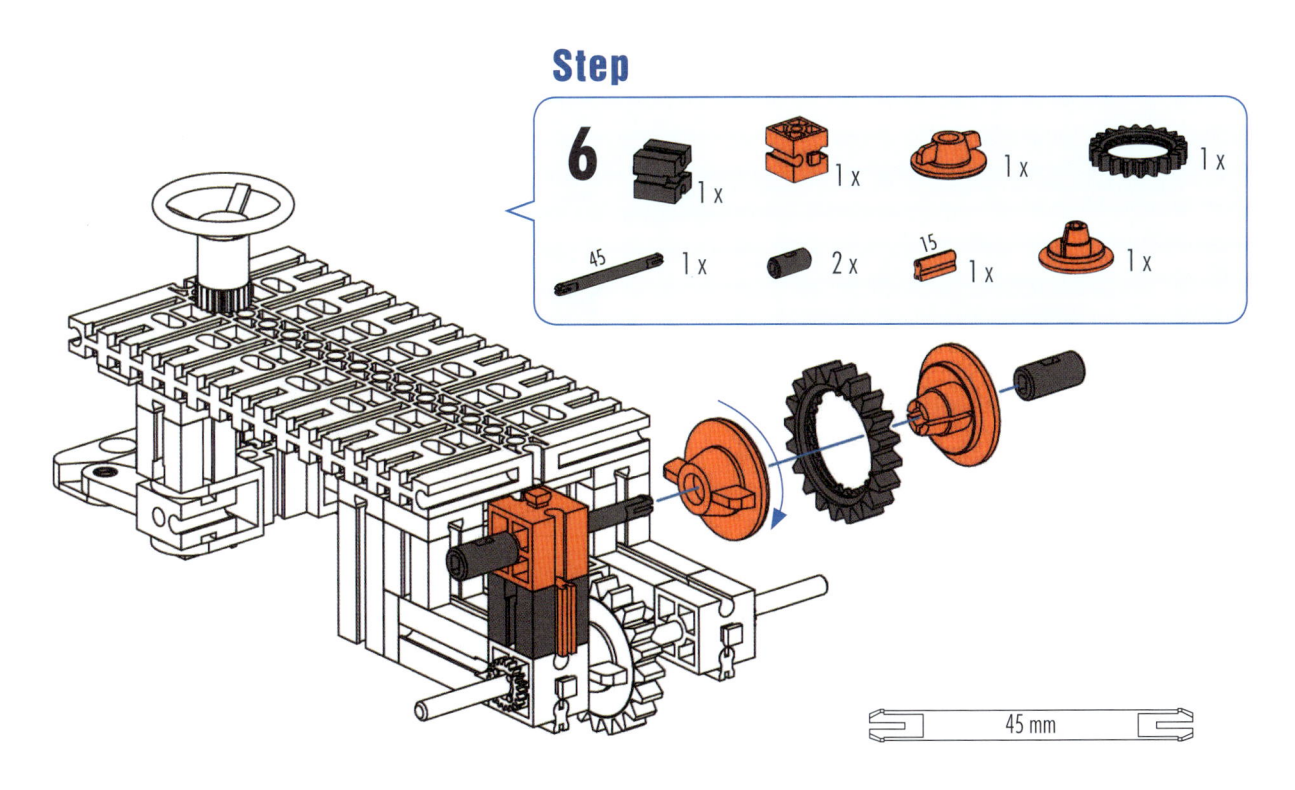

- 1x
- 1x
- 1x
- 1x
- 45　1x
- 2x
- 15　1x
- 1x

45 mm

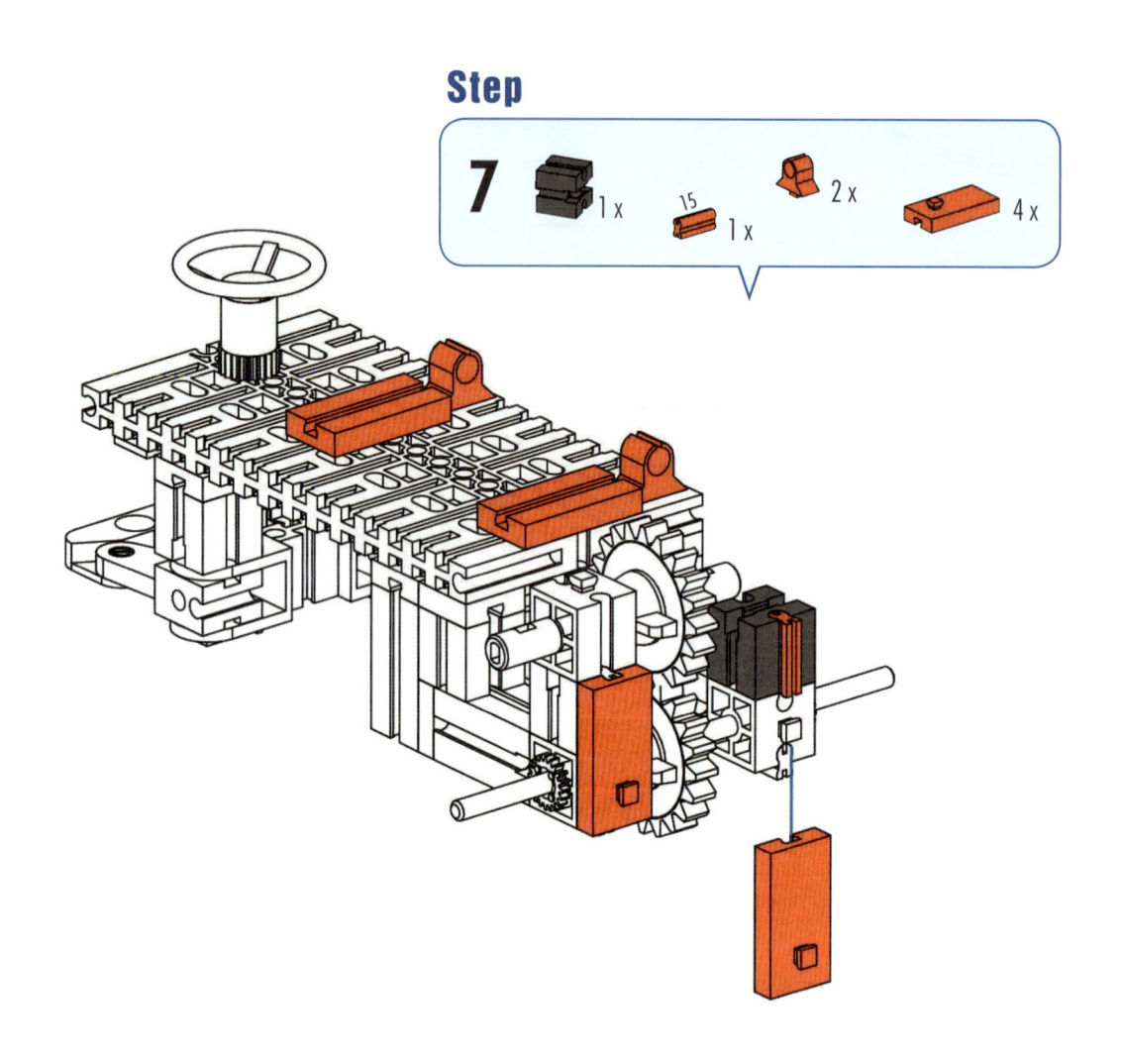

112　孩子的第一本工程科學 II
　　—使用 fischertechnik 工程積木學習機構與設計實務

Step 7　1x　15 1x　2x　4x

Step 8　1x　4x

單元 11　電動車　113

Step 9

1x　1x　1x

8

Step 10

4x　2x　1x　2x

a. e=1 之傳動模型

b. e＞1 之傳動模型（增速）

c. e＜1 之傳動模型（減速）

圖 11-2　不同齒輪比傳動的車子模型

3 工程實驗

1. 比較圖 11-2b 及圖 11-2c 兩個不同輪系值（齒輪比）的傳動模型，當打開電源開關後，使用計時器記錄前進 2 公尺各花了多少時間？你能說明輪系值與轉速的關係嗎？

2. 拿一片木板，適度改變傾斜角度，把上題中的兩個模型放在斜坡上，觀察哪一個模型可以爬上角度比較大的斜坡？從實驗中，你發現了什麼？

4 實驗結果

1. 輪系值（e）又稱齒輪比，$e = \dfrac{T_首}{T_末}$ 的比值 $= \dfrac{N_末}{N_首}$ 的比值，由公式可知，轉速與輪系值成正比；與扭力成反比（小齒輪帶大齒輪轉速慢，但可得較大扭力輸出）。

2. 當 e > 1 時，如圖 11-2b 所示，扭力較小，起動瞬間速度較慢，如汽車的五檔（高速檔），但終端速度比較快。

3. 當 e < 1 時，如圖 11-2c 所示，扭力較大，有較好的起動及爬坡力，如汽車起動時的一檔（低速檔），但終端速度比較慢。

　　終端速度一詞出現於「自由落體」運動，當向下的重力（F_g）相等於向上的阻力（F_d）時，此時物體的淨力為零，速度維持不變，如右圖所示，這時物體運動的速度即為終端速度。

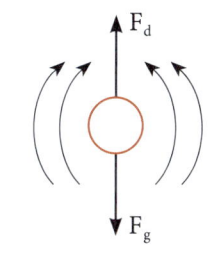

　　本單元所謂的終端速度，意指超子前進的速度不再改變時，也就是維持「等速度運動」的狀態。

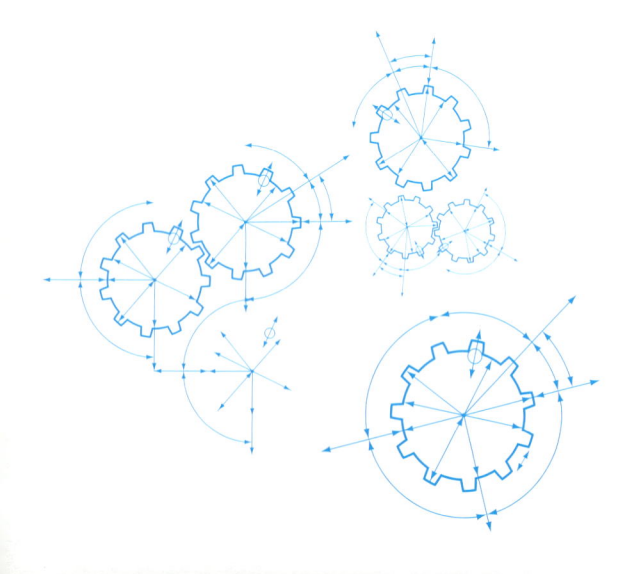

單元 12
變速箱

🔧 學習目標

1. 能瞭解變速箱的功能
2. 能應用工程積木製作變速箱傳動模型
3. 能觀察出變速箱換檔原理
4. 能運用零件延伸變速箱機構創作
5. 能設計工程實驗流程並歸納結果

1 認識變速箱

自動變速箱（Automatic Transmission），是一種可以使車子在行駛過程中，自動改變齒輪比的機構，如圖 12-1 所示。1950 年代初期，手排車市佔率較高，隨著自動變速箱技術成熟，目前絕大部分的汽車都是使用自排變速箱，雖然近年來自排變速箱顯著地提高燃油效率，但整體效率仍不及手動變速箱（Manual Transmission）。

變速箱的檔位可藉由排檔桿做為操控，這種動作行為稱為「換檔」。但它並不同於手排變速箱的換檔過程，因為排檔桿並不會選定特定的檔位，只能選定檔位模式，而換檔過程是由電腦控制自動完成。

如圖 12-2 所示，汽車的檔位通常有下列幾種：P（Park：駐車檔）、N（Neutral：空檔）、R（Reverse：倒車檔）、D（Drive：前進檔）、S（Second：低速 2 檔）、L（Low：低速 1 檔）。

圖 12-1　汽車變速箱

圖 12-2　自動排檔操控桿

2 積木寫生—變速箱

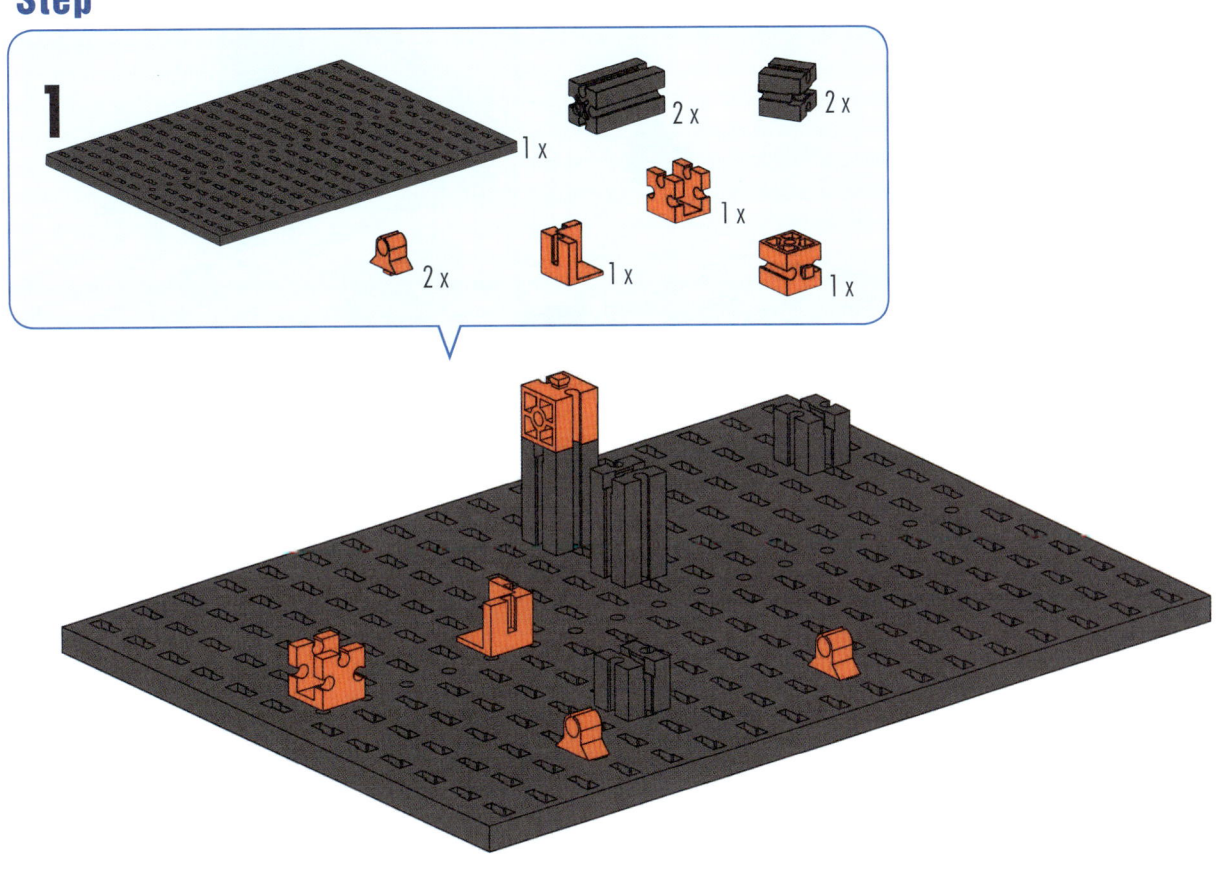

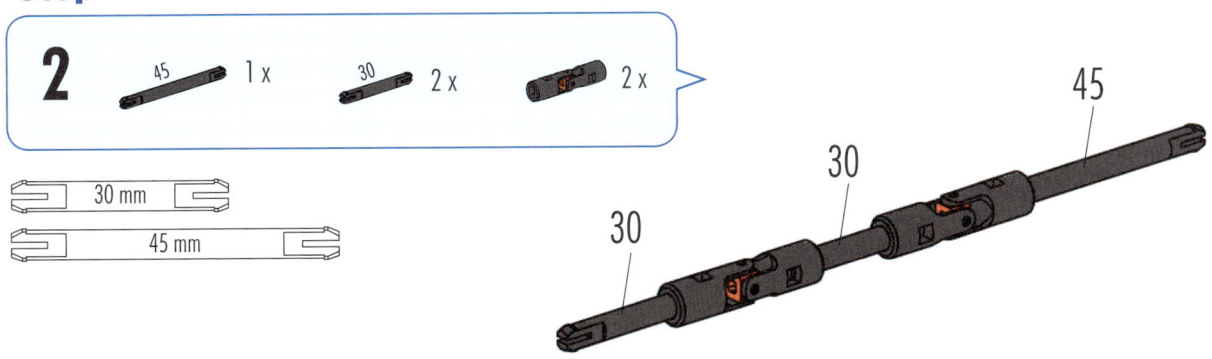

請參考下列步驟,依序完成變速箱傳動模型製作,如圖 12-3 所示。

Step 1

1x, 2x, 2x, 2x, 1x, 1x, 1x

Step 2

45　1x　　30　2x　　2x

30 mm
45 mm

45　30　30

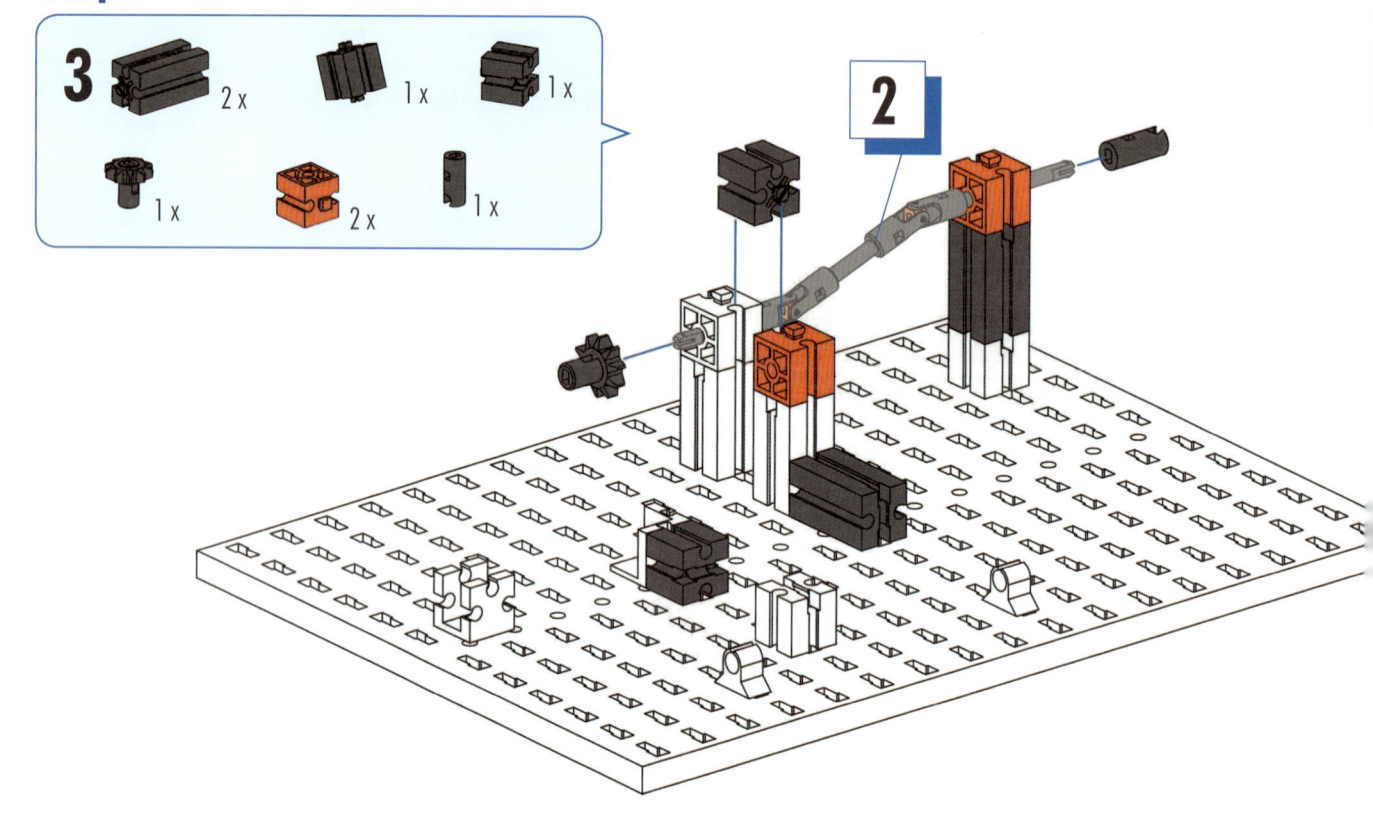

120　孩子的第一本工程科學 II
　　─使用 fischertechnik 工程積木學習機構與設計實務

Step 3

2x　1x　1x
1x　2x　1x

Step 2

Step 4

2x　2x　1x
90　1x　2x　1x　1x

90 mm

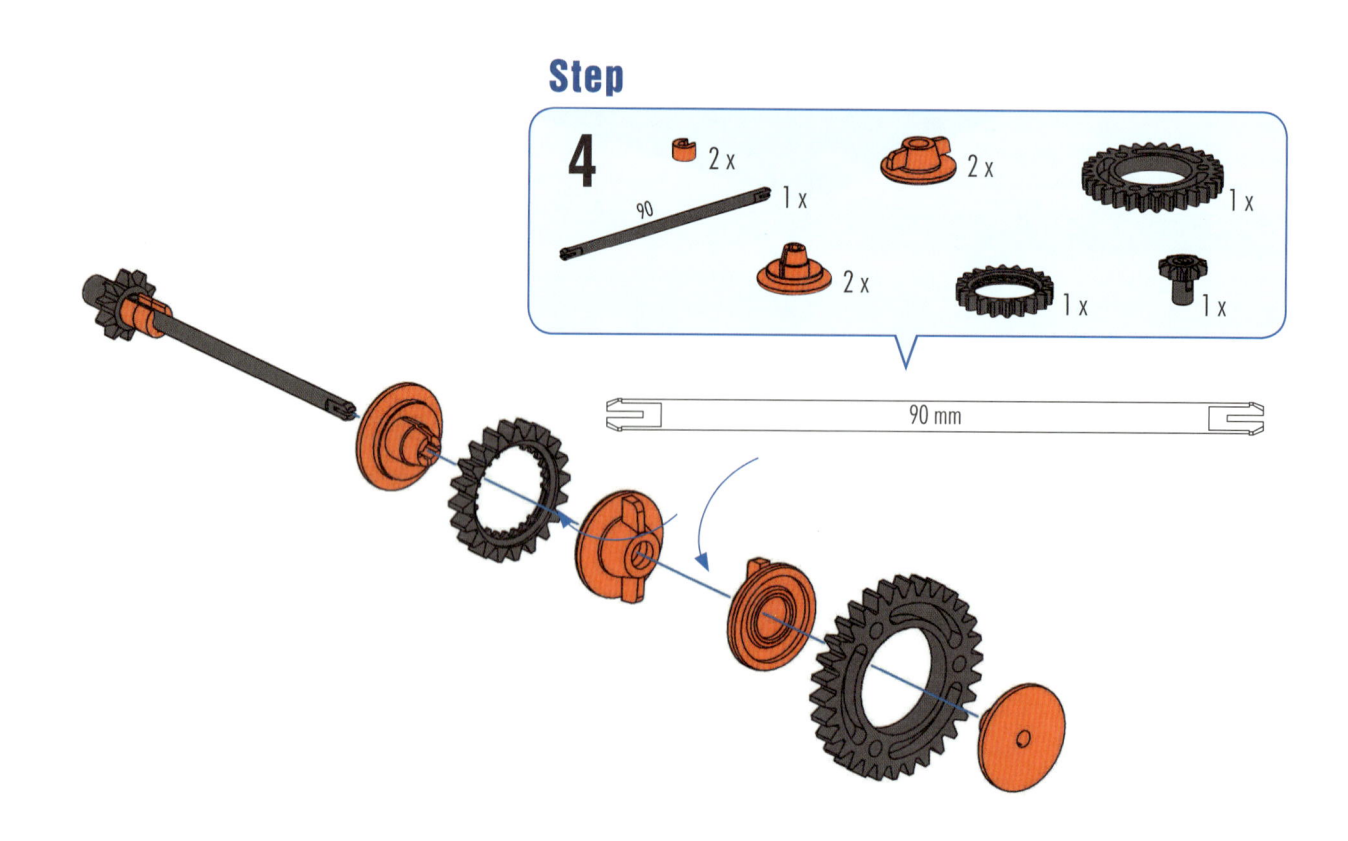

單元12 變速箱 121

Step 5

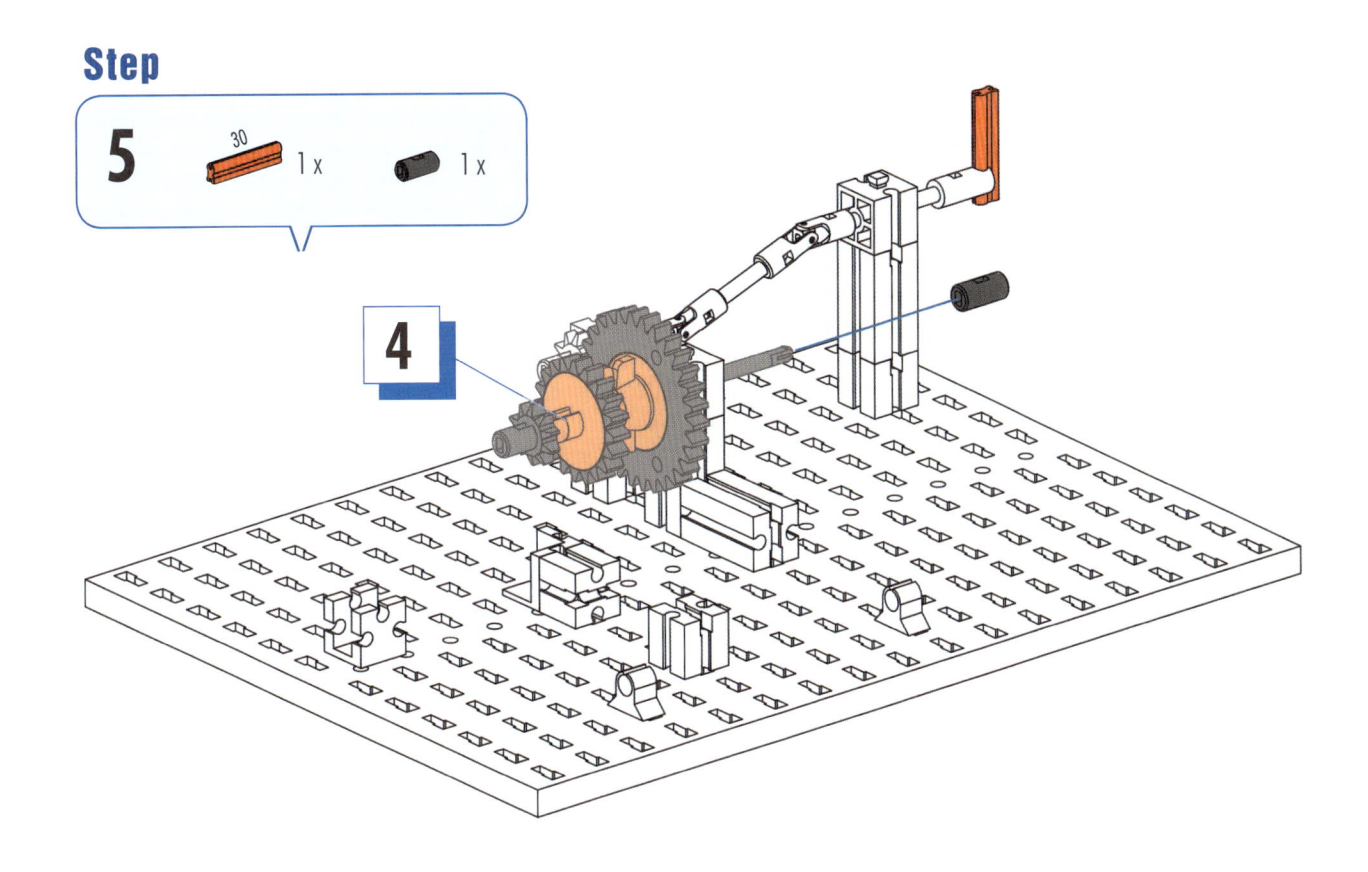

30 1x   1x

4

Step 6

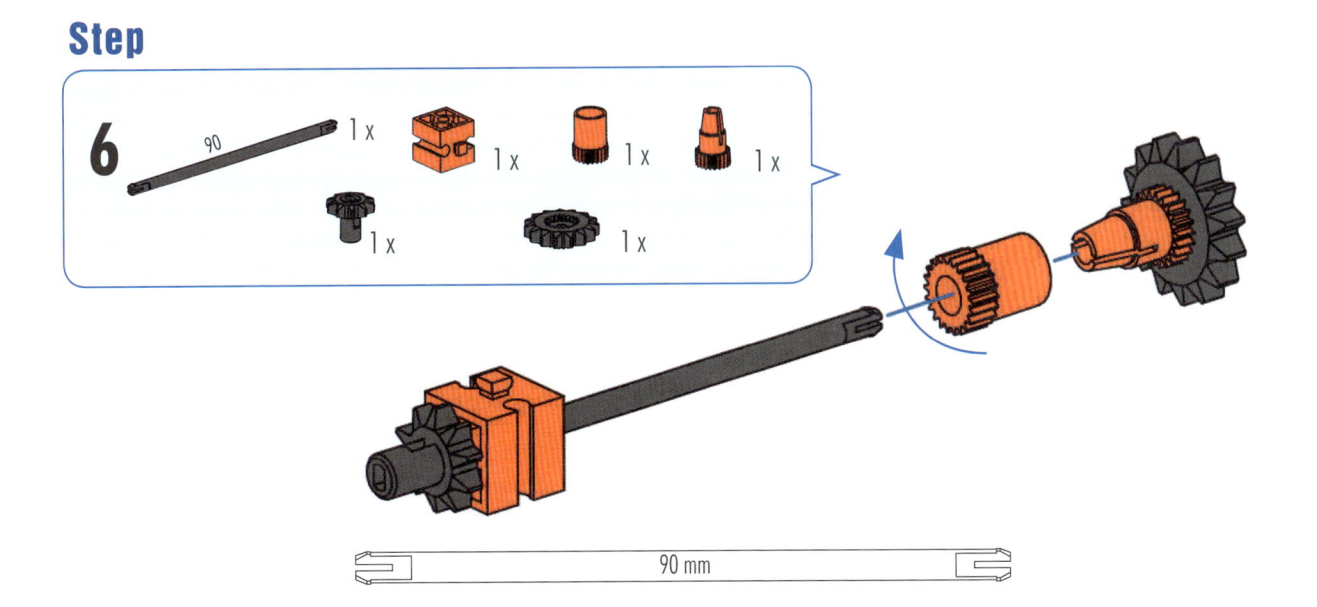

90 1x   1x   1x   1x

1x   1x

90 mm

Step 7

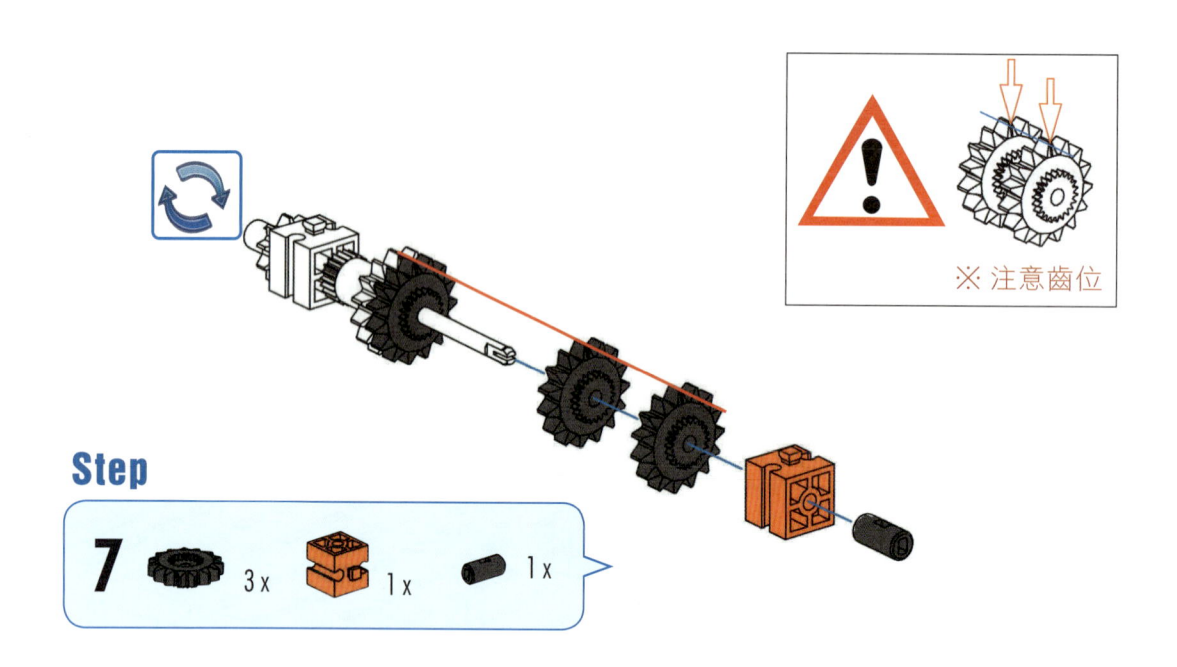

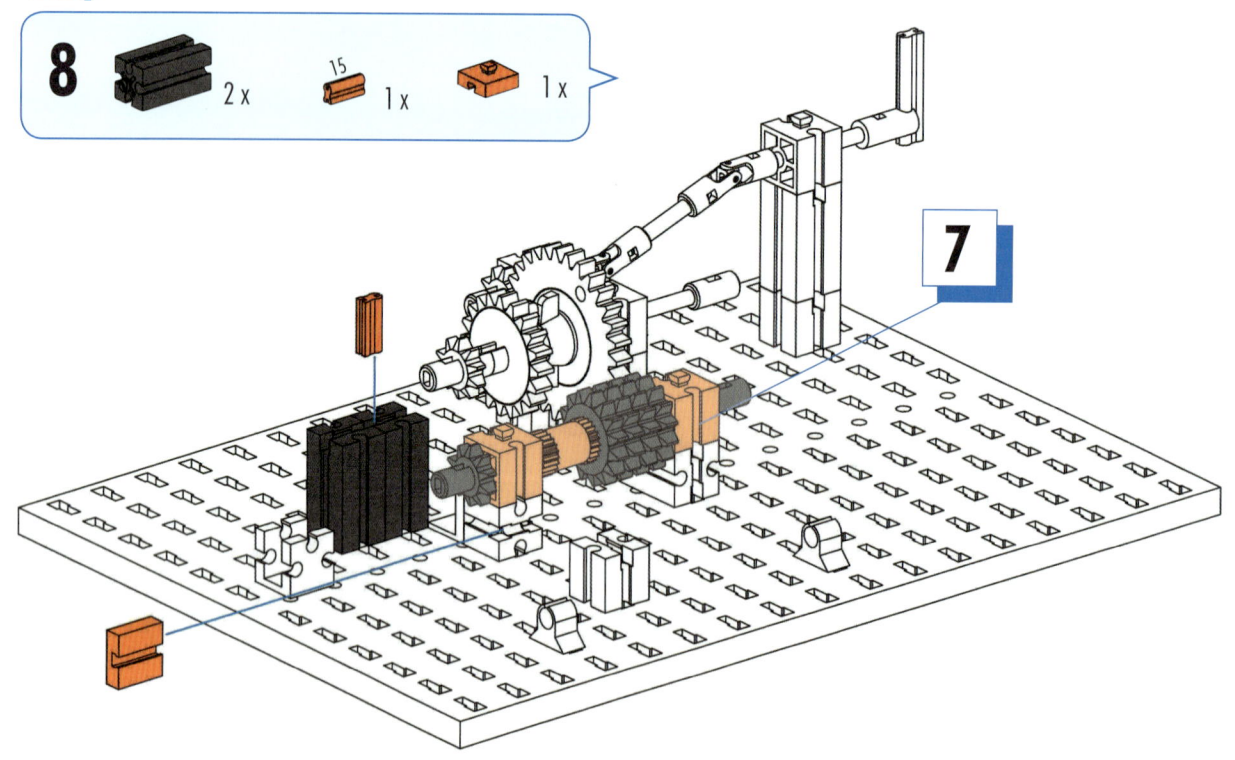

- 齒輪 3x
- 橘色積木 1x
- 套管 1x

※注意齒位

Step 8

- 黑色長條 2x
- 15 橘色 1x
- 橘色積木 1x

單元 12 變速箱　123

Step 9

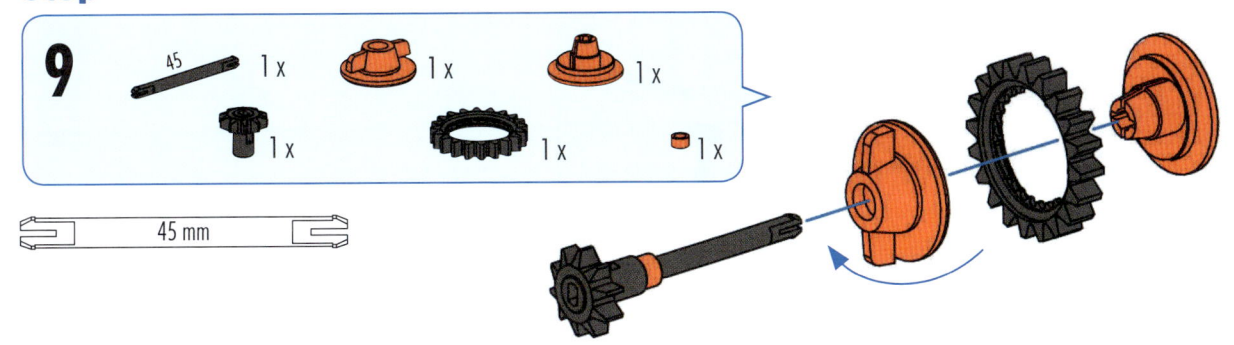

45　1x
1x
1x
1x
1x

45 mm

Step 10

1x　1x　1x

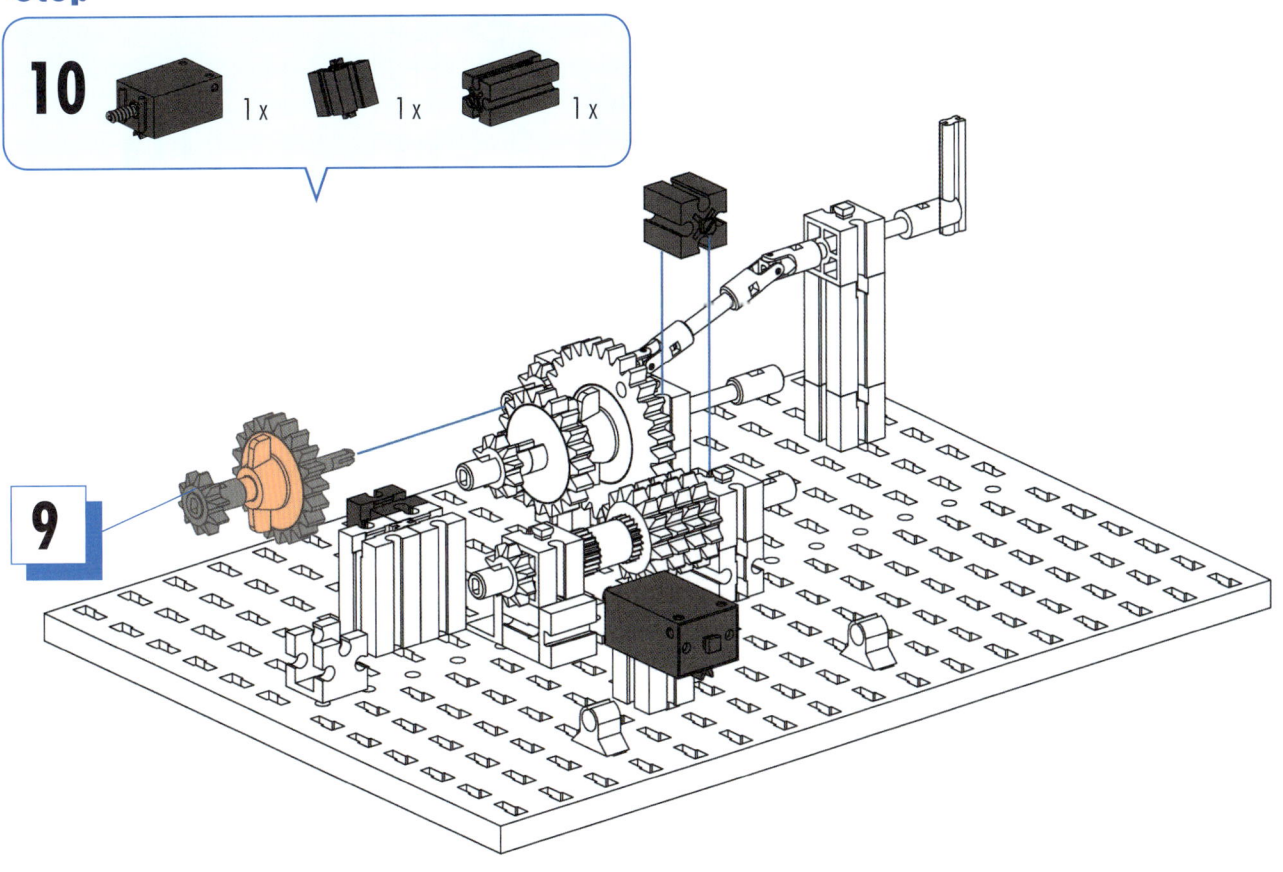

Step 11

1x　4x

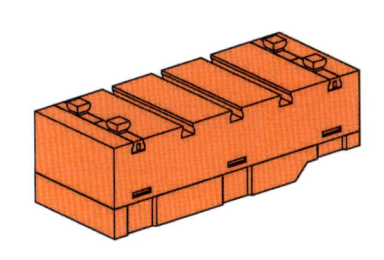

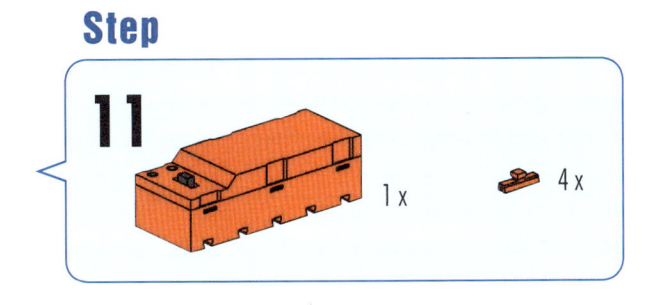

Step 12

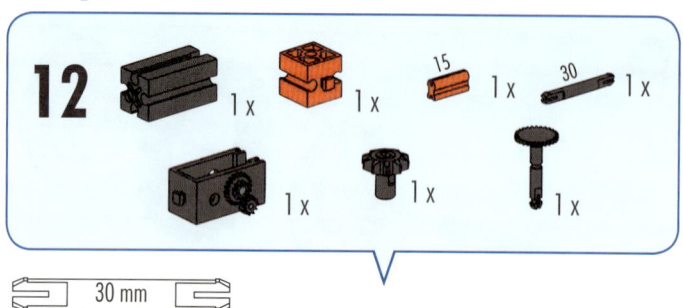

1x　1x　15 1x　30 1x
1x　1x　1x

30 mm

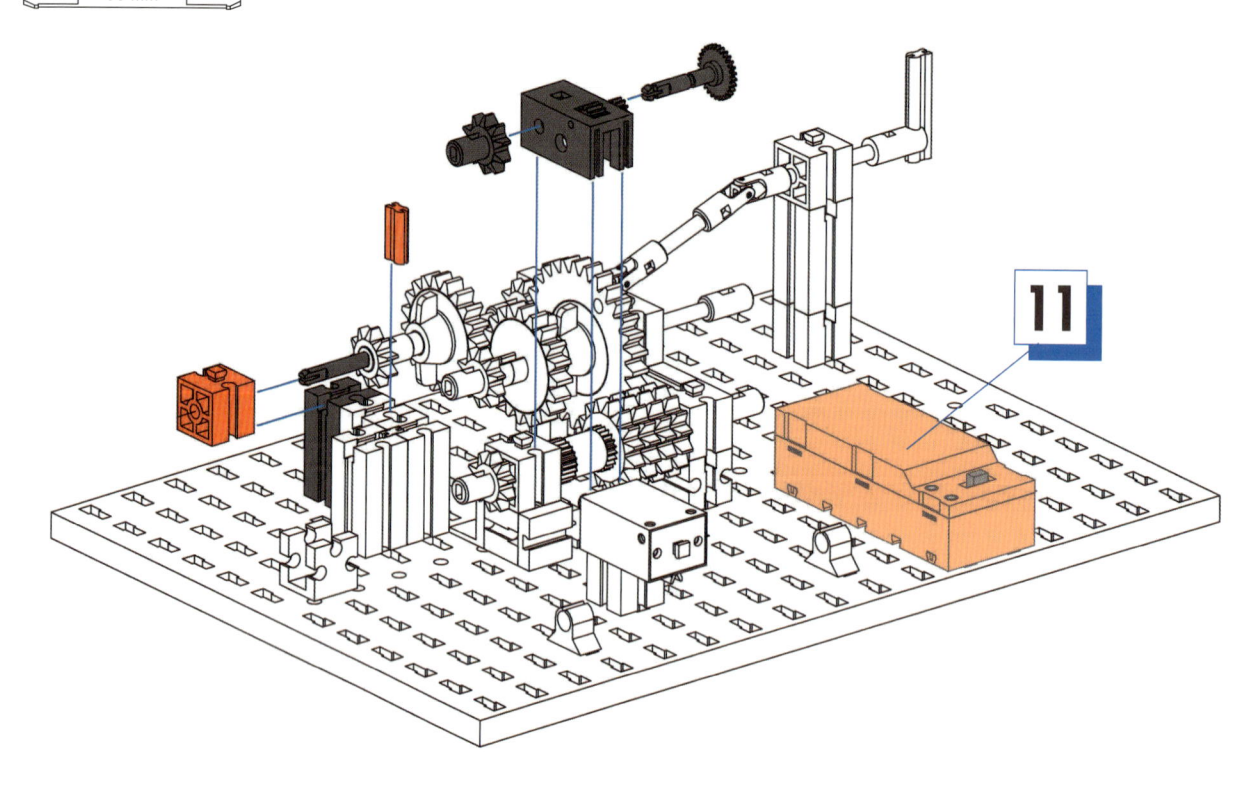

11

Step 13

1x　1x　30 1x　1x

30 mm

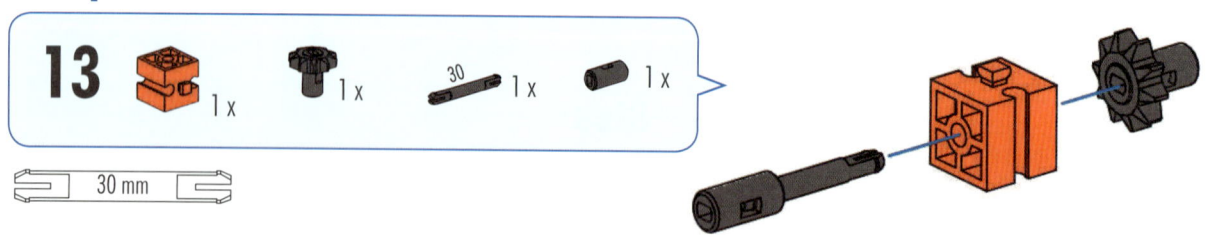

單元 12 變速箱　125

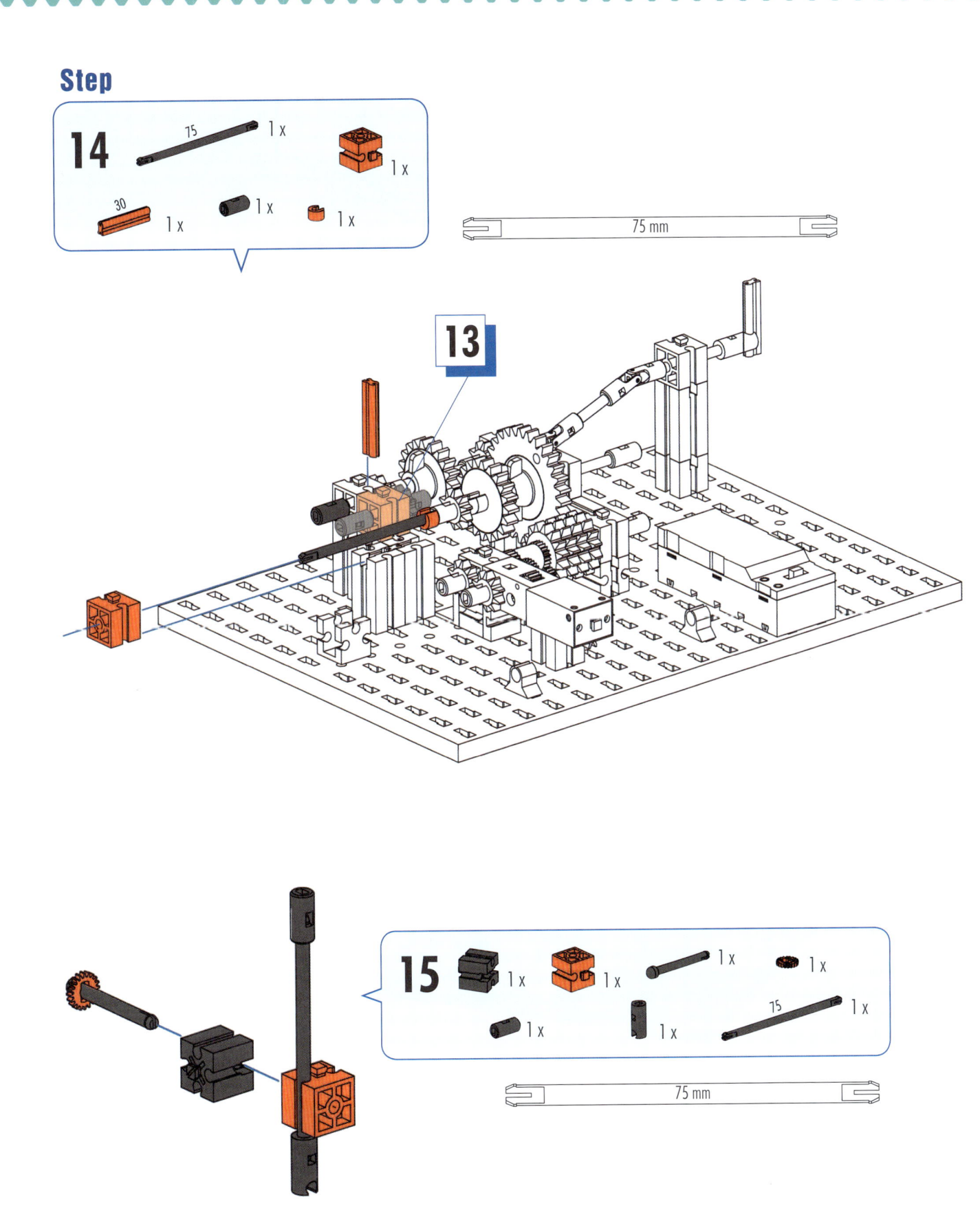

Step

14　75　1x
　　30　1x　　1x　　1x
　　75 mm

13

15　1x　1x　1x　1x
　　1x　1x　75　1x
　　75 mm

Step 16 1x 1x 1x

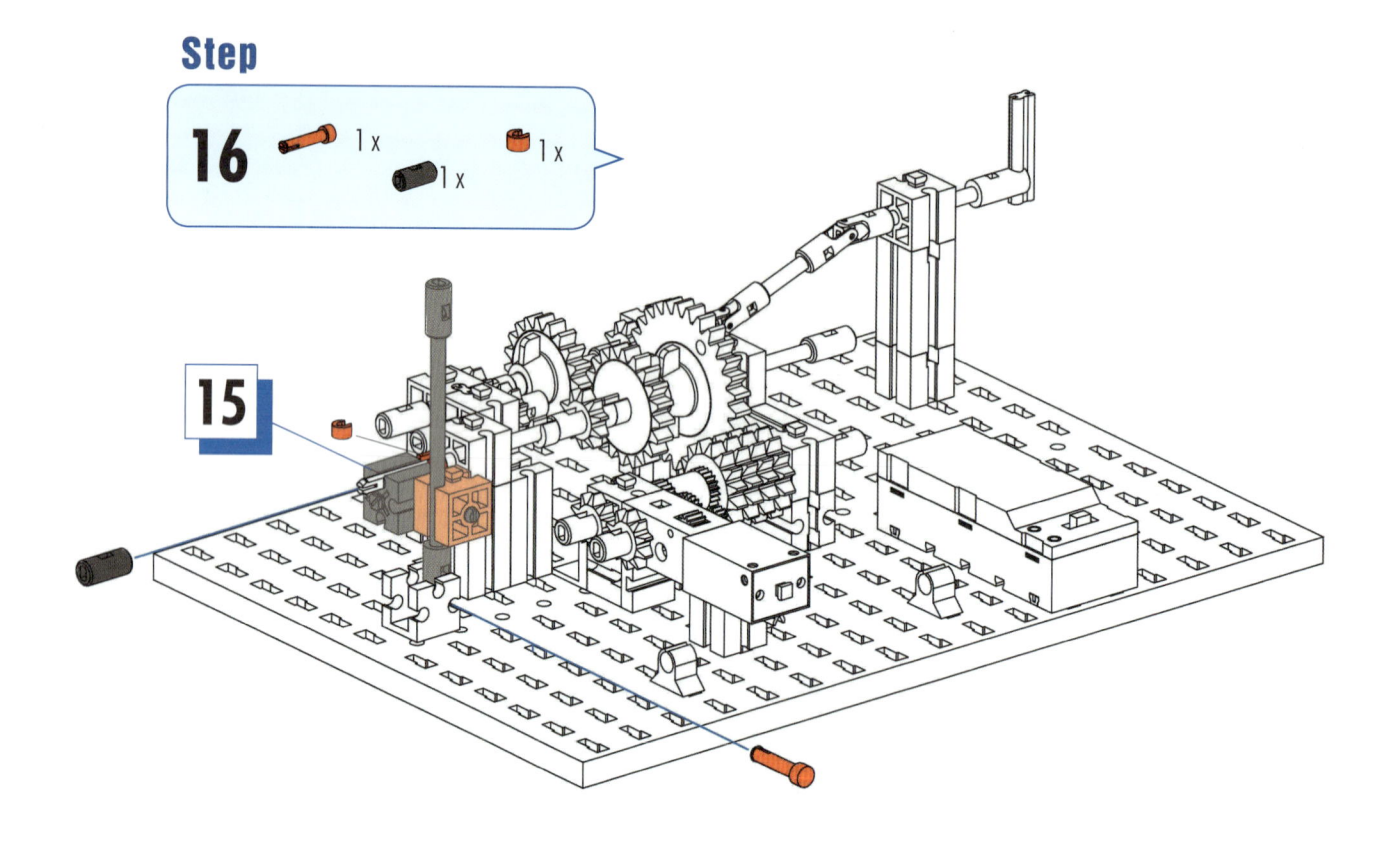

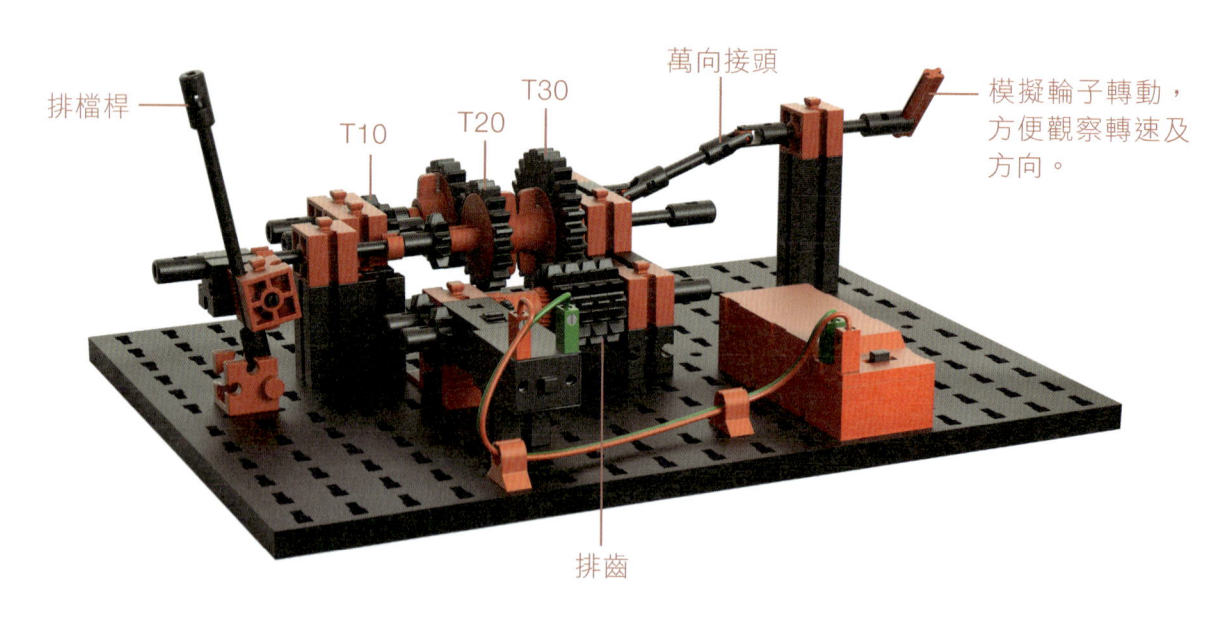

圖 12-3 變速箱傳動模型

排檔桿　T10　T20　T30　萬向接頭　模擬輪子轉動，方便觀察轉速及方向。

排齒

3 工程實驗

1. 當圖 12-3 的變速箱傳動模型在運動時，用手推或拉動排檔桿，比較一下，齒輪轉動和停止時，兩種入檔的感覺有什麼不一樣？想想看，這是什麼原因造成的？

2. 請觀察圖 12-3 變速箱機構提供幾種檔位模式？並計算各檔位的齒輪比各為多少？並說明變速箱有什麼功能。

4 實驗結果

1. 齒輪停止轉動時，推或拉排檔桿比較不易入檔，造成換檔困難，相對於齒輪轉動時，換檔過程較為容易，這是因為齒輪轉動時，齒輪彼此之間的摩擦力為「動摩擦」，靜止時為「靜摩擦」，因為靜摩擦力大於動摩擦力，導致齒輪靜止時換檔比較困難。

2. 提供 4 種檔位（高速檔、低速檔、倒退檔、空檔），依據齒輪比公式計算如下：

$$輪系值（齒輪比）= \frac{主動輪齒數（T_{首}）}{從動輪齒數（T_{末}）} \quad \cdots\cdots (a)$$

$$= \frac{從動輪轉速（N_{末}）}{主動輪轉速（N_{首}）} \quad \cdots\cdots (b)$$

(1) 高／低速檔齒輪比經公式 (a) 計算可得：

① **高速檔齒輪比為**：$e = 30:20 = 3:2$，$e > 1$。（當主動輪轉 2 圈，從動輪轉 3 圈，T30 帶動 T20 速度增加，反之減慢）

② **低速檔齒輪比為**：$e = 20:20 = 1:1$，$e = 1$。（當主動輪轉 1 圈，從動輪轉 1 圈，此處使用 T20 帶動 T20，低速檔是與高速檔比較而得，你可以設計一個 T10 帶動 T20，更能達到減速效果之低速檔，雖然圖 12-3 低速檔的 $e = 1$，但在實際的生活應用裡，低速檔 e 會小於 1）

③ **倒退檔齒輪比為**：$10:10 = 1:1$，$e = 1$。（當主動輪轉 1 圈，從動輪轉 1 圈，但方向會與高速與低速檔方向相反）

(2) 變速箱的功能也就是齒輪的功能，有下列幾種：

① 傳遞動力。

② 改變方向（前進檔或後退檔）。

③ 改變速度（高速檔或低速檔）。

④ 改變力量（此處的力量係指扭力，與齒輪比有關）。

單元 13
行星齒輪

⚙ 學習目標

1. 能瞭解行星齒輪機構運動原理
2. 能應用工程積木製作行星齒輪傳動模型
3. 能觀察出行星齒輪傳動的特色
4. 能運用零件延伸行星齒輪機構創作
5. 能設計工程實驗流程並歸納結果

1 認識行星齒輪

　　行星齒輪（Planetary gear）是齒輪機構的一種，通常由太陽齒輪、行星齒輪、齒輪框架及內齒輪所組成。由一個至多個外部齒輪圍繞著一個中心齒輪旋轉，就像行星繞著太陽公轉一樣，因此而得名。

　　馬達的轉軸和太陽齒輪嚙合，轉動圖 13-2 曲柄模擬馬達轉動，轉動時會驅動支撐於行星架上，並以內齒輪為中心的行星齒輪系，因為行星架動力來自多個行星齒輪，所以有較均勻的扭力輸出，被廣泛應用在行星式齒輪減速機構，有體積小、重量輕、高減速比、負載大、傳動效率高等優點。

　　據考古研究結果，最早的行星齒輪為古希臘的「安提基特拉機械」。1901 年在希臘安提基特拉島附近的沉船裡被發現，該機械的製造年代約在西元前 150 到 100 年之間，至今已有二千多年歷史。類似如此複雜的工藝技術，直到 14 世紀時歐洲的天文鐘發明後才重新出現，該機械裝置目前收藏於雅典國家考古博物館。

圖 13-1　行星齒輪機構

2 積木寫生—行星齒輪

請參考下列步驟,依序完成行星齒輪傳動機構模型製作,如圖 13-2 所示。

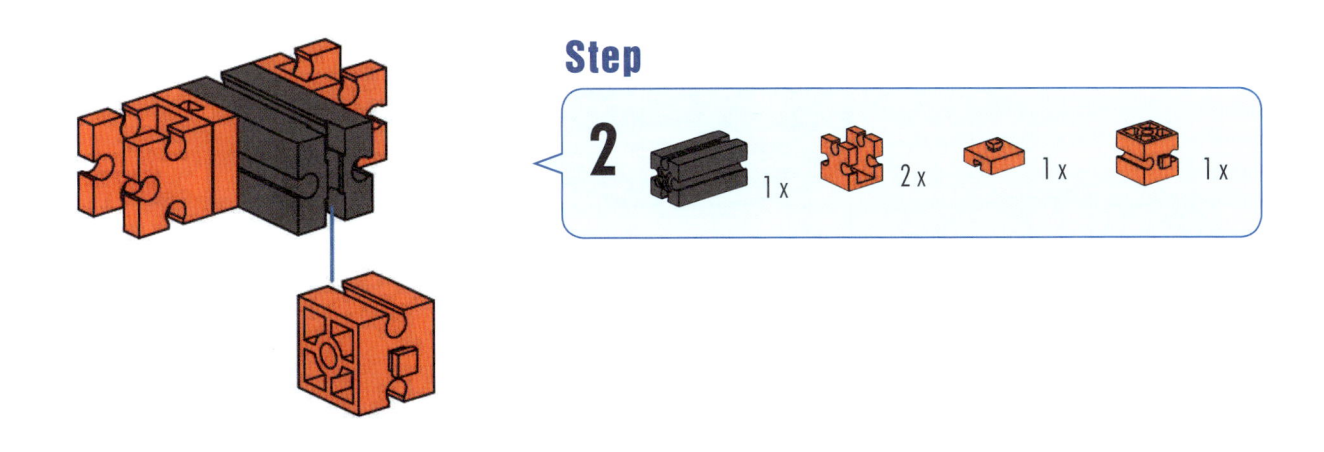

Step 1

Step 2

132　孩子的第一本工程科學 II
　　─使用 fischertechnik 工程積木學習機構與設計實務

Step 3

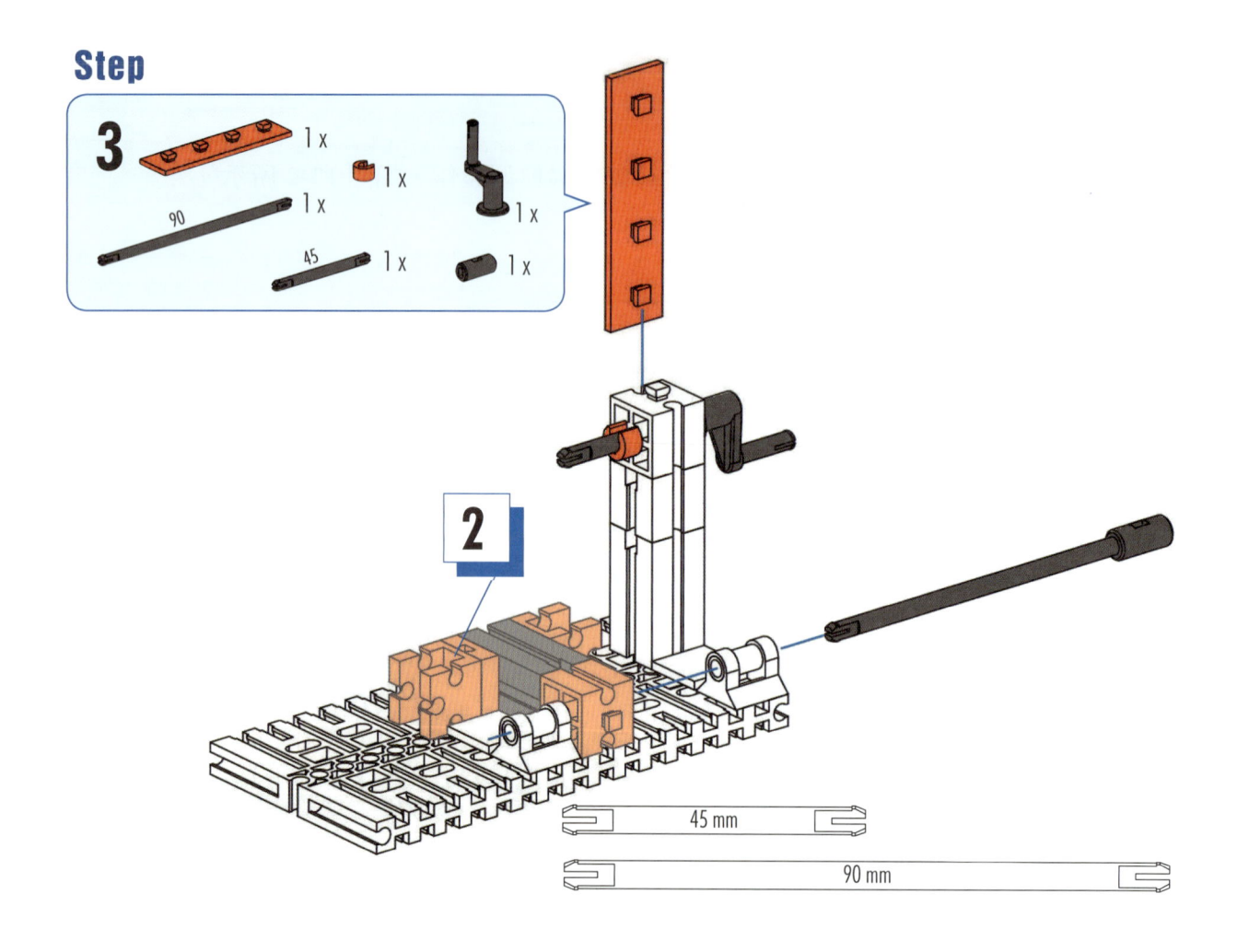

90　1x
45　1x
1x
1x
1x
1x

2

45 mm
90 mm

Step 4

1x
3x　3x
1x

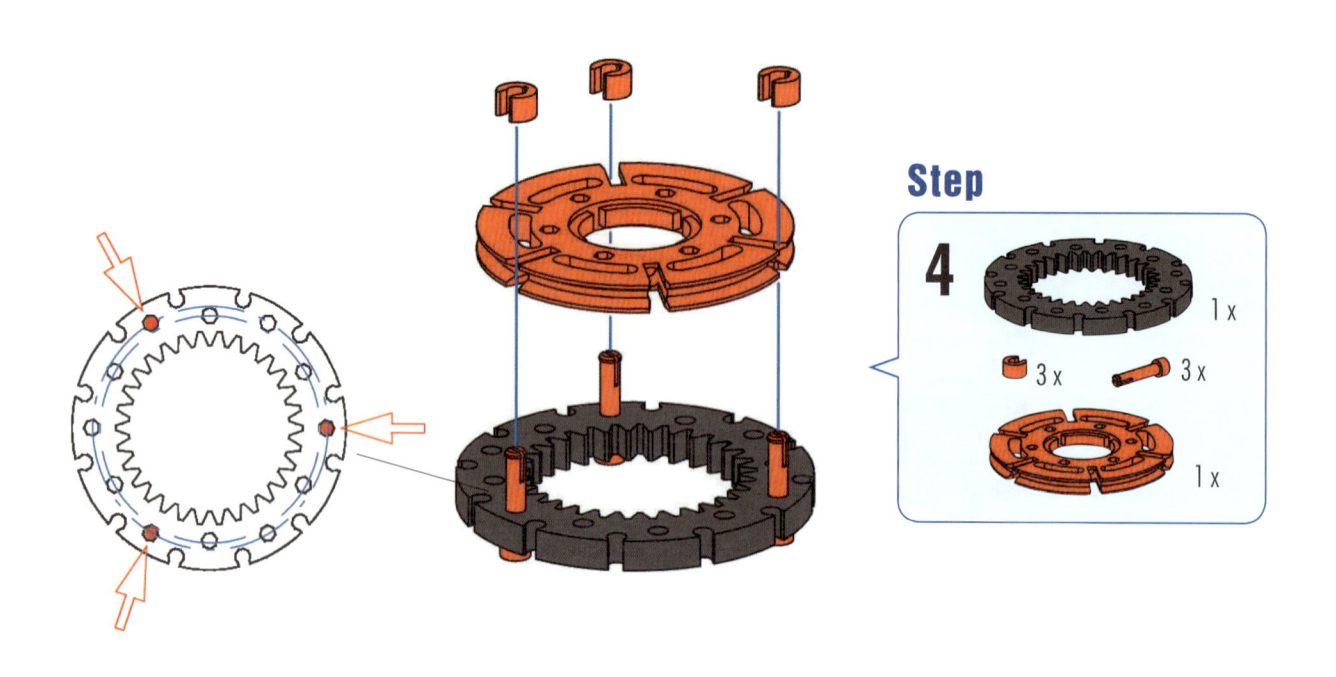

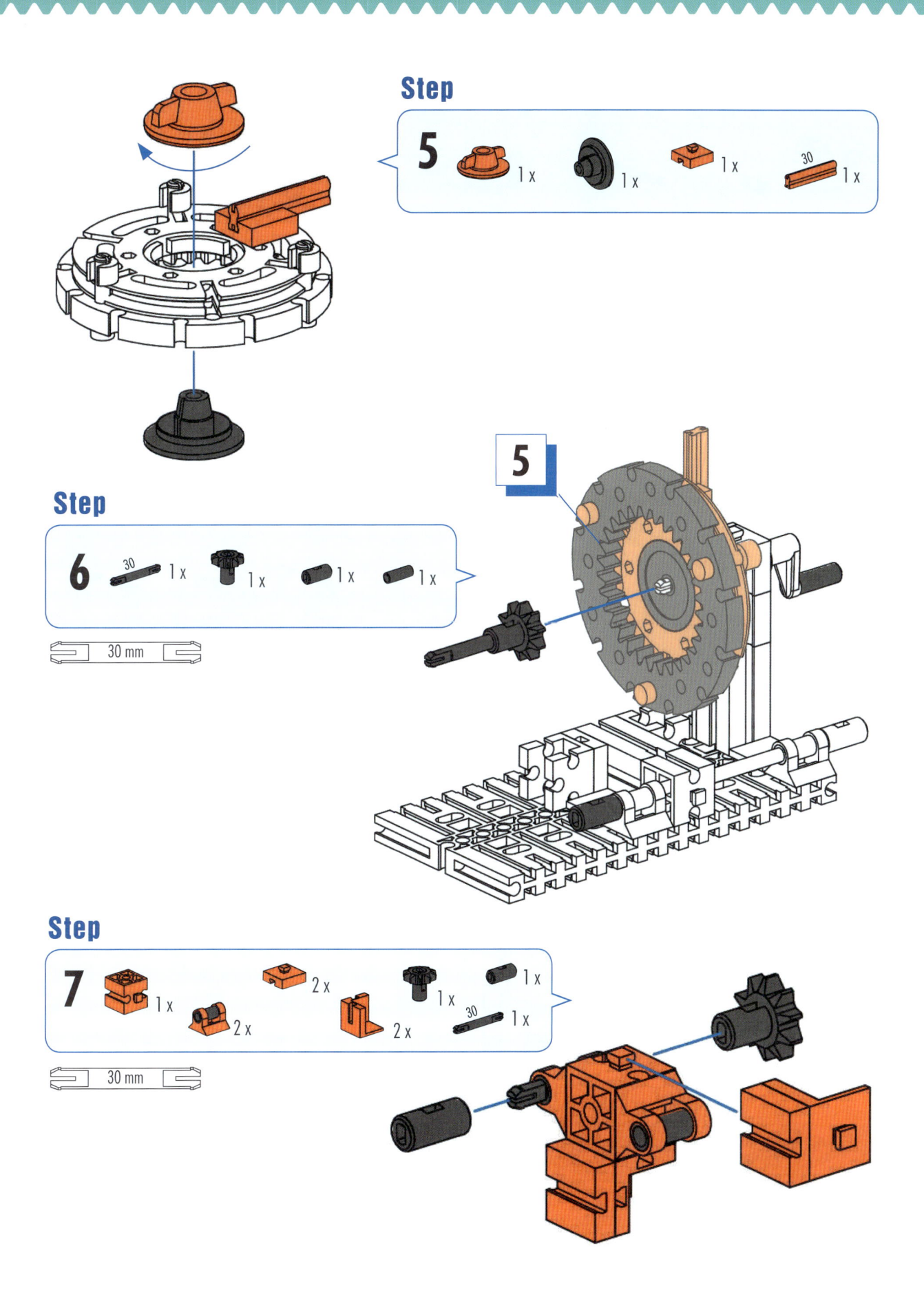

單元 13　行星齒輪　133

Step 5　1x　1x　1x　30 1x

Step 6　30 1x　1x　1x　1x
30 mm

Step 7　1x　2x　2x　1x　1x　30 1x　2x
30 mm

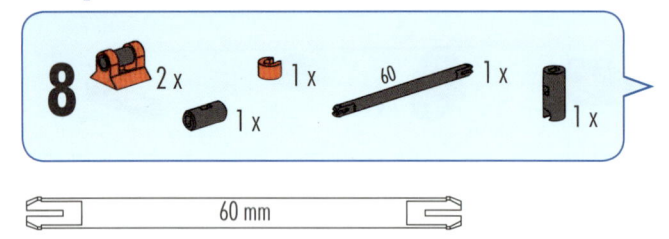

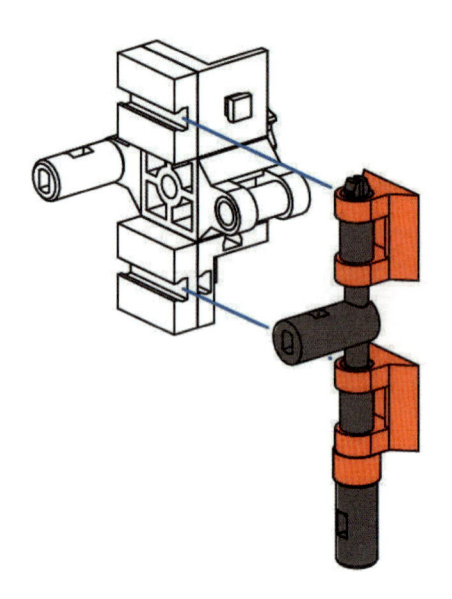

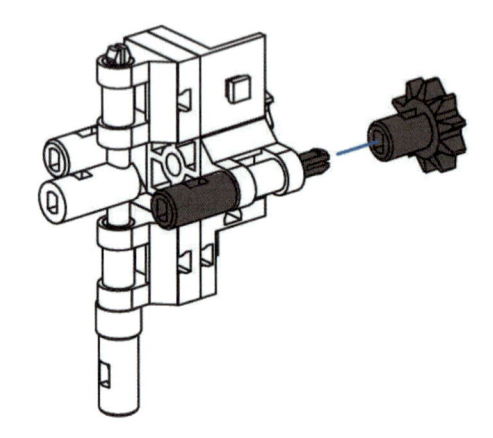

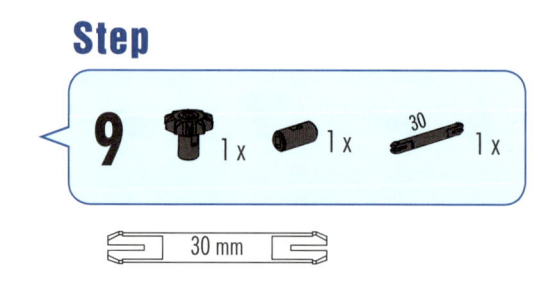

134　孩子的第一本工程科學 II
—使用 fischertechnik 工程積木學習機構與設計實務

Step 8　2x　1x　60 1x　1x
60 mm

Step 9　1x　1x　30 1x
30 mm

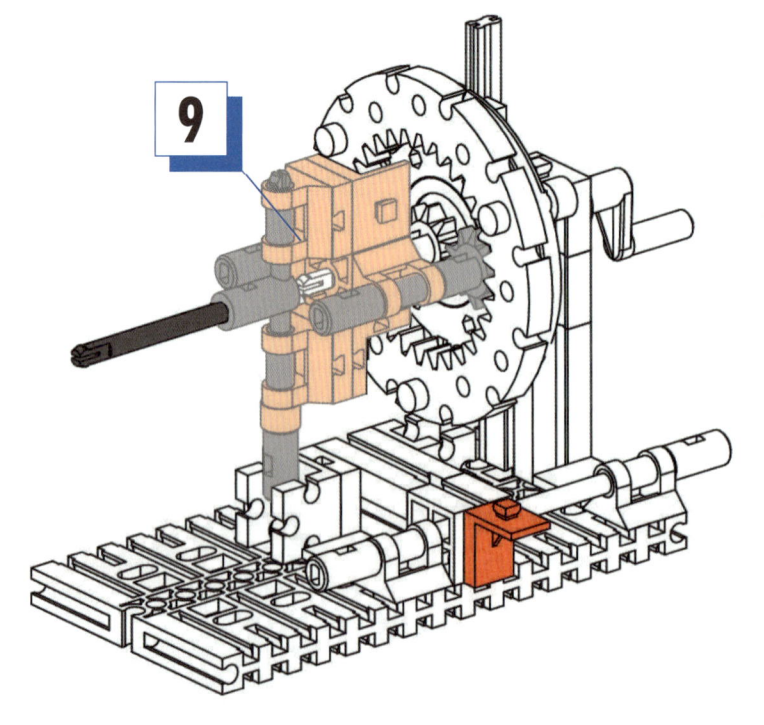

Step 10　1x　45 1x
45 mm

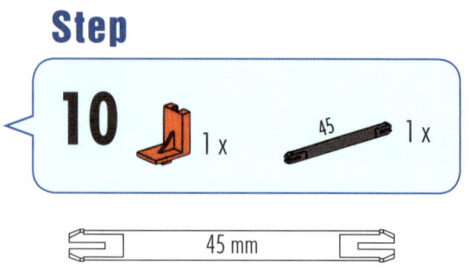

單元 13　行星齒輪　135

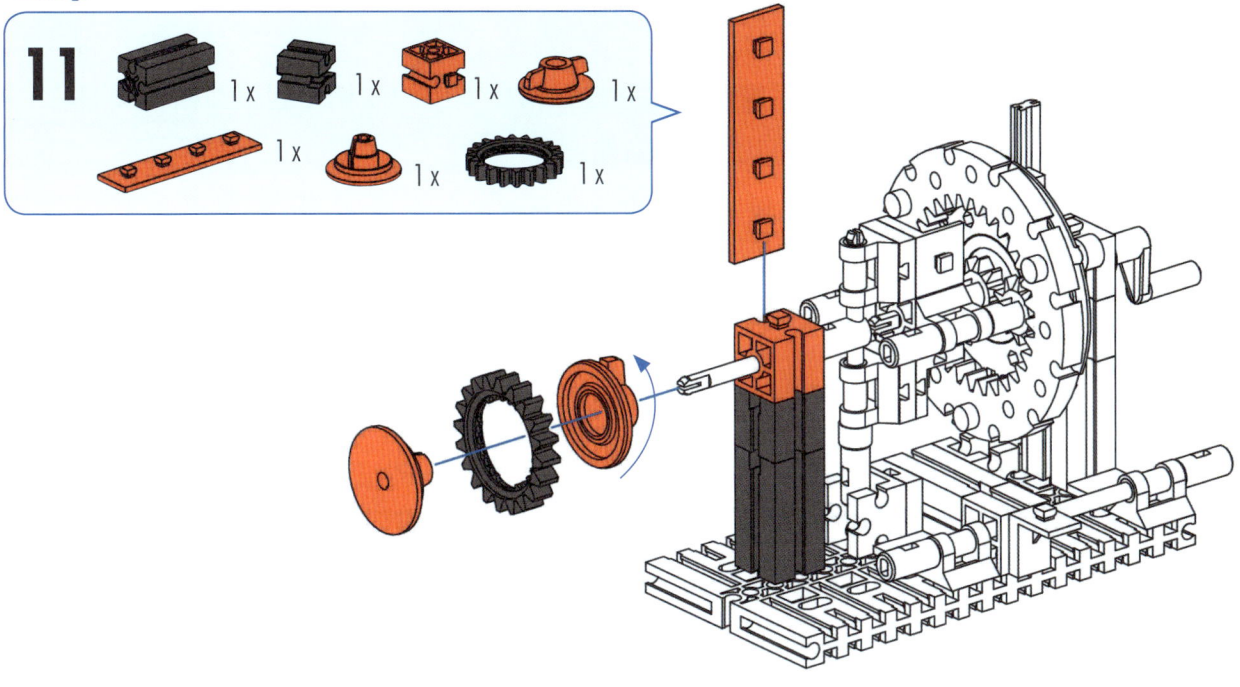

Step 11

當滑塊向右移動，軸會置入右側凹槽內，這時轉動曲柄，內齒輪固定不動，行星架與行星齒輪做反方向轉動。

行星齒輪框架
太陽齒輪
行星齒輪
由曲柄帶動的動力輸入軸
滑軌
右側凹槽
內齒輪
滑塊
左側凹槽

圖 13-2　行星齒輪傳動模型

3 工程實驗

1. 把圖 13-2 的滑塊向右移，用手轉動行星齒輪機構模型中的曲柄，觀察曲柄轉幾圈時，行星齒輪框架會轉動一圈？要如何計算齒輪比？
2. 觀察並記錄轉動曲柄時，行星齒輪機構的運動過程。

4 實驗結果

1. 4 圈。

　　首先必須知道行星齒輪系各齒輪的齒數，內齒輪為 T30，轉動曲柄，此時太陽輪（T10）為主動輪，連接行星齒輪的支架為從動輪，且內齒輪齒數為太陽輪齒數，與兩倍行星齒輪齒數之和，即 $T_{內齒輪} = T_{太陽齒輪} + 2T_{行星齒輪}$。

　　一行星齒輪系齒輪比計算公式如下，設內齒輪 T 為太陽輪 T 的 3 倍（和本單元內齒輪 T 相同），此機構的行星齒輪架即為旋臂，則：

$$\frac{N_{內齒輪} - N_{行星齒輪架}}{N_{太陽齒輪} - N_{行星齒輪架}} = -\frac{T_{太陽齒輪}}{T_{內齒輪}}$$

$$\frac{0 - N_{行星齒輪架}}{N_{太陽齒輪} - N_{行星齒輪架}} = -\frac{1}{4}$$

$$N_{行星齒輪架} = \frac{1}{4} N_{太陽齒輪}$$

由上式得知減速比為 $\frac{1}{4}$，且輸入軸與輸出軸轉向相同，可得大的減速比。

2. 在行星齒輪系機構中，輸入軸為太陽輪，輸出軸為行星齒輪架。在圖 13-2 行星齒輪機構模型，以曲柄做為驅動器，須與太陽齒輪連接。

　　可以有兩種方式探討轉動情形：

(1) **滑塊向左移動**：此時固定桿會置入左側凹槽內，轉動曲柄，此時太陽輪為主動輪，行星齒輪為被動輪。

(2) **滑塊向右移動**：此時固定桿會置入右側凹槽內，內齒輪固定不動，轉動曲柄，此時太陽輪為主動輪，行星齒輪及行星齒輪架為被動輪。

　　上述之說明，可經由操作觀察出來。

單元 14
差速器

學習目標

1. 能瞭解差速器與車子轉彎之關係
2. 能應用工程積木製作差速器傳動模型
3. 能觀察出差速器傳動的原理
4. 能運用零件延伸差速器機構創作
5. 能設計工程實驗流程並歸納結果

1 認識差速器

差速器（Differential）是調整速差的一種自動機制。在物理科學界裡有最小耗能原理，也就是地球上所有物體都會朝耗能最小的狀態運動，例如把一顆珠子放到碗內，珠子最後會自動停在碗底，而不會停留在碗壁上，因為碗的底部是位能最低的位置，它自動選擇靜止（動能最小），而不會不斷運動。同樣的道理，車輪在轉彎時也會自動趨向耗能最低的狀態，自動依照轉彎半徑調整左右輪的轉速。

差速器是單式斜齒輪周轉輪系之應用。差速器的發明是要解決汽車在轉彎時，位於外側輪子行走的軌跡路徑，比內側輪子走的路徑長，如果汽車要做出精確的轉彎速率，便需要一個機構能夠讓內外側車輪以不同的速率旋轉，用速差來彌補路徑長度的差異，這需要使用兩個半軸來達成，如果使用整根軸，則左右輪轉速相同，會破壞轉彎時的平衡。

最早的差速器被應用在中國的指南車上，當汽車工業普及後，一百多年前，法國雷諾汽車公司的創始人路易斯‧雷諾設計出可應用在車子上的差速器。車軸（Axle）上的軸差速器（Axle differential），會把萬向軸傳來的力量，會分配到兩根驅動軸（Drive shaft），最後再分配到車輪上。

圖 14-1　汽車差速器

2 積木寫生─差速器

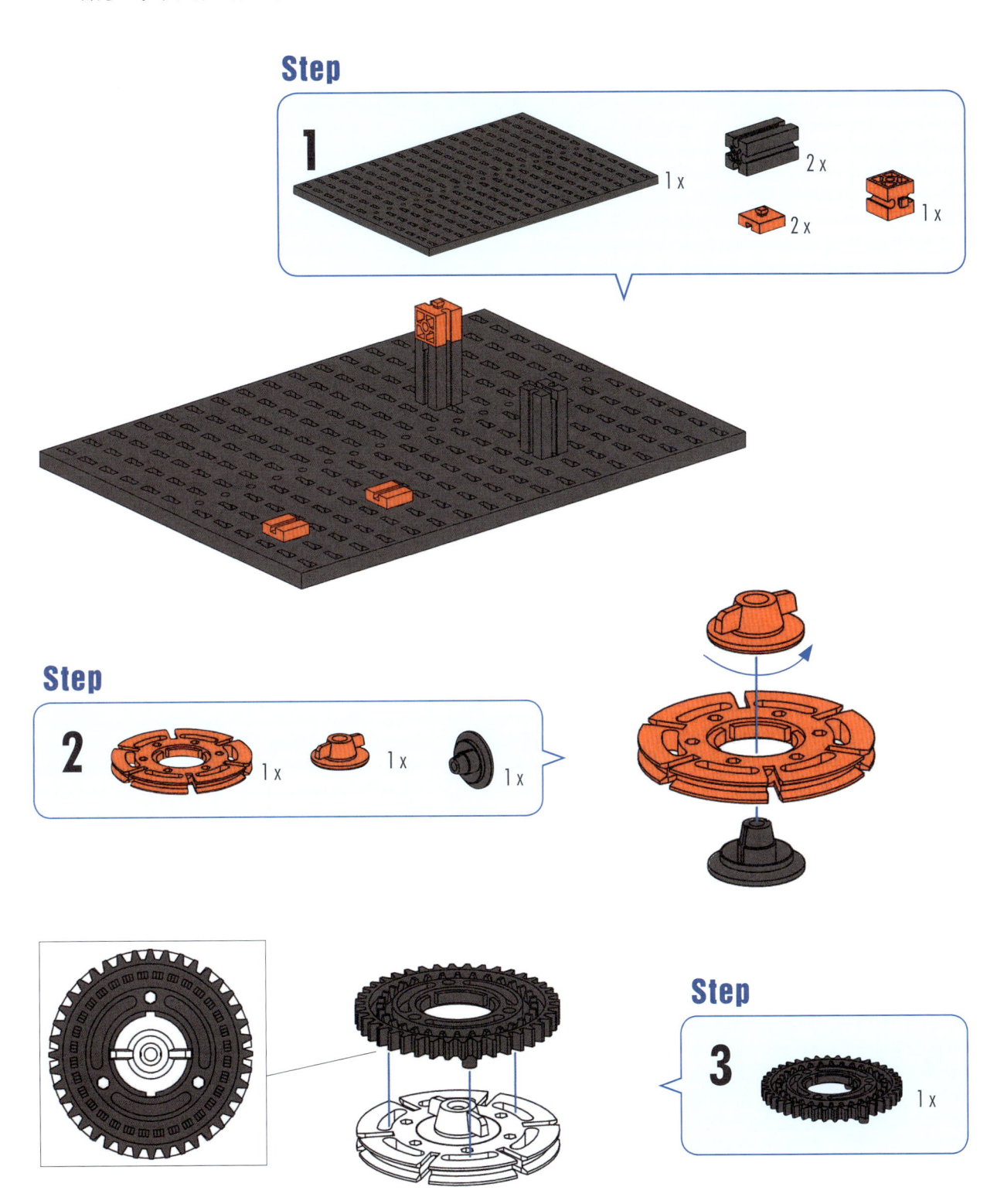

請參考下列步驟,依序完成差速器傳動機構模型製作,如圖 14-2 所示。

Step 1

Step 2

Step 3

Step 4

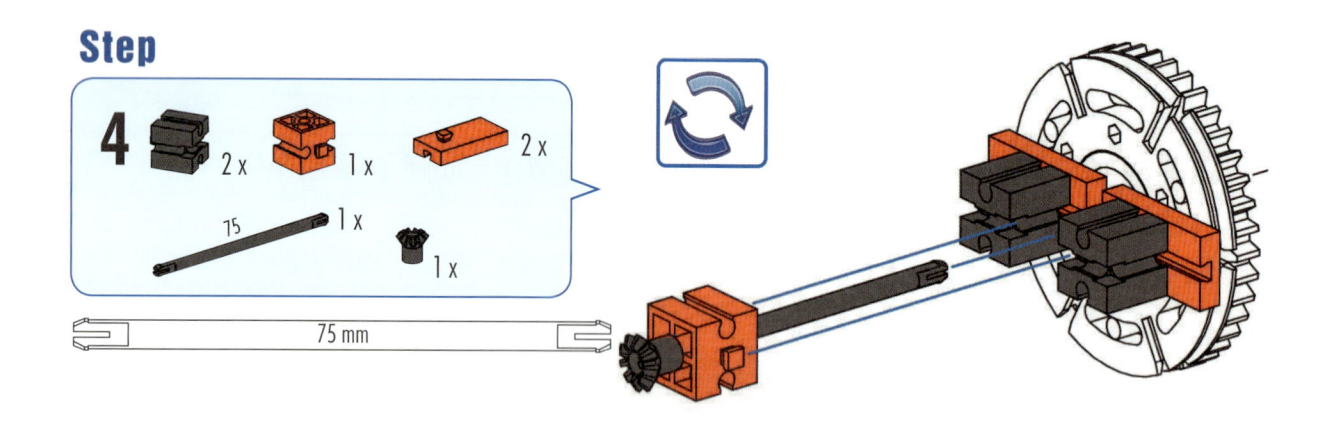

- 2x, 1x, 2x
- 75 1x, 1x
- 75 mm

Step 5

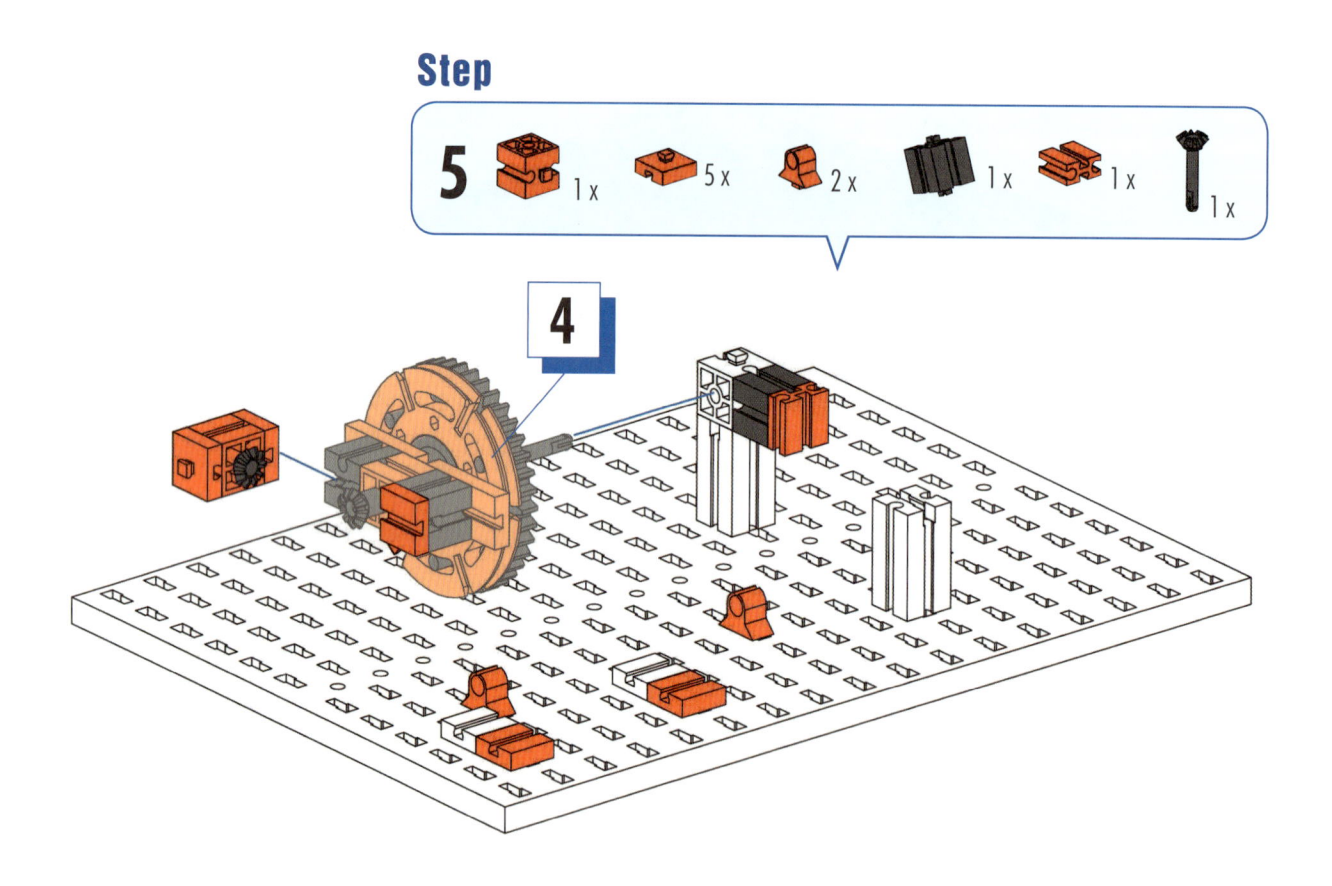

- 1x, 5x, 2x, 1x, 1x, 1x

Step 6

- 1x
- 4x

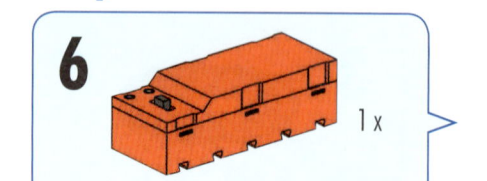

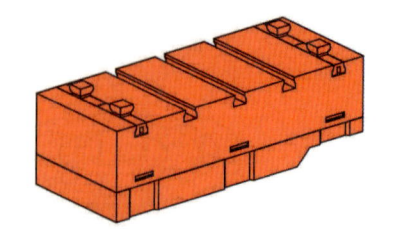

單元 14 差速器　141

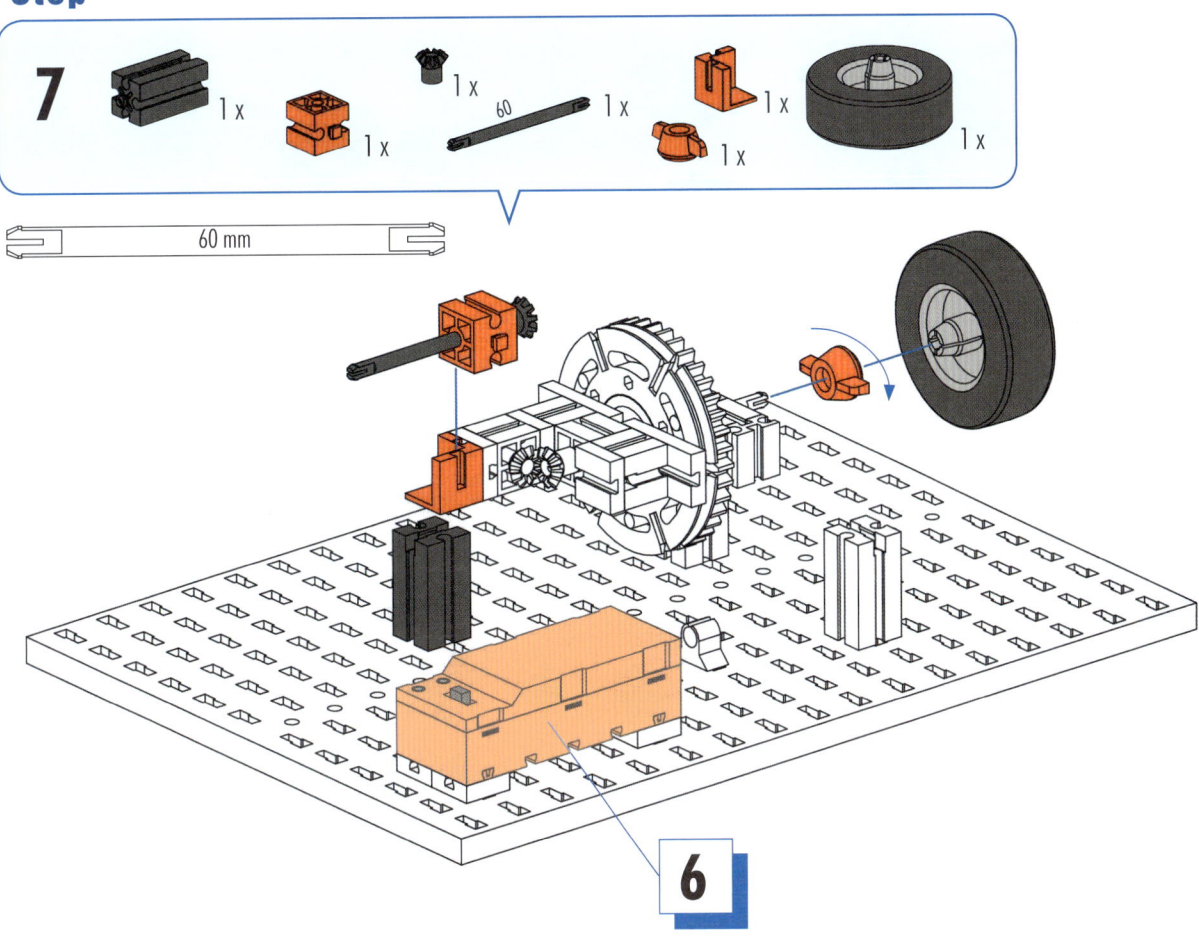

Step 7

1x　1x　60 1x　1x　1x
1x　　　　　　　　1x

60 mm

6

Step 8

1x　1x　1x
1x　2x

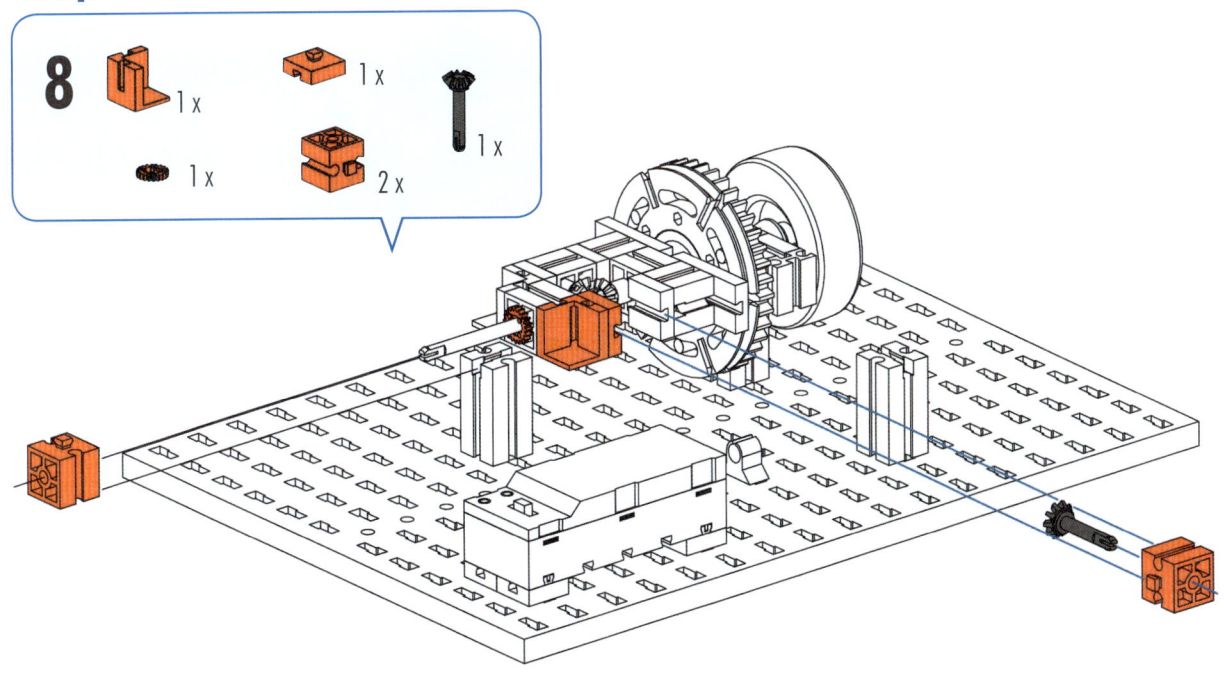

142　孩子的第一本工程科學 II
　　—使用 fischertechnik 工程積木學習機構與設計實務

Step

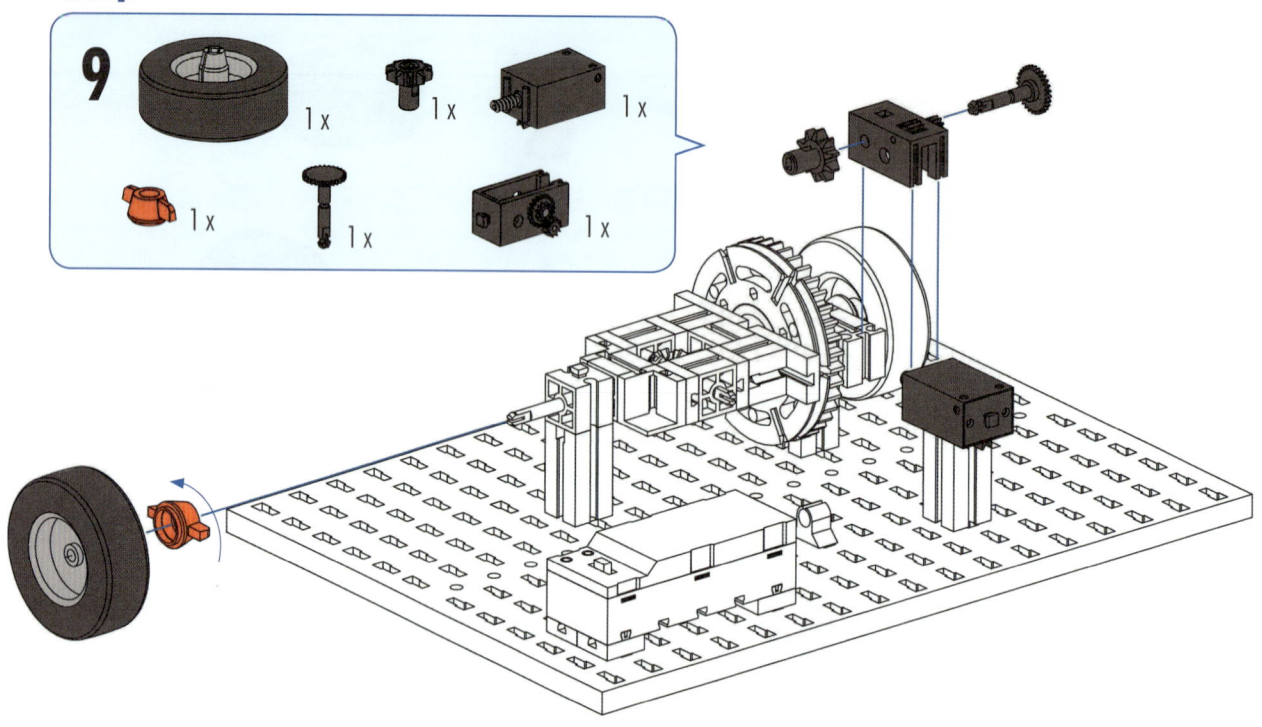

9　1x　1x　1x
　　1x　1x　1x

左輪：由半軸連接
行星齒輪
差速斜齒輪
右輪：由半軸連接
驅動齒輪
小齒輪／T10為動力輸入

圖 14-2　差速器傳動機構模型

3 工程實驗

1. 打開圖 14-2 的電源開關，當馬達轉動時，用手各握住左、右兩側輪子（不能同時），你發現了什麼？

2. 把圖 14-2 的模型改成一台三輪或四輪的車子，分別完成下列兩個實驗：
   (1) 開啟電源開關，車子會直進嗎？
   (2) 把手輕輕觸碰距左輪上方積木（模擬向左轉彎），再把開關打開，此時車子會如何運動？你也可以參考單元 11，裝置一個方向盤引導車子轉彎。

4 實驗結果

1. 握住左輪時，右輪仍能轉動；反之亦然。當左輪固定時，此時連接左輪的斜齒輪固定不動，這就好比是行星齒輪機構，當固定內齒輪時，行星齒輪會繞太陽輪旋轉，且太陽輪會自轉。

2. 可分成直進與轉彎兩種情形探討。
   (1) 車子會直線運動，表示左右兩個輪子的轉速相同。
   (2) 此時車子會偏左做轉彎動作，而且會以左輪為圓心，你可以觀察出右輪因轉彎半徑比較大，所以速度快，左輪轉動的速度較慢。

補充說明

如果你對差速器的齒輪比有興趣，可以看問題 2 中車子運動情形，再看右圖及補充說明。

1. 直線行進

所有齒輪與 A 為一個整體同時旋轉，齒輪之間沒有相對運動，即 $N_4 = N_6$（N 為轉速）表示左右兩輪等速旋轉。

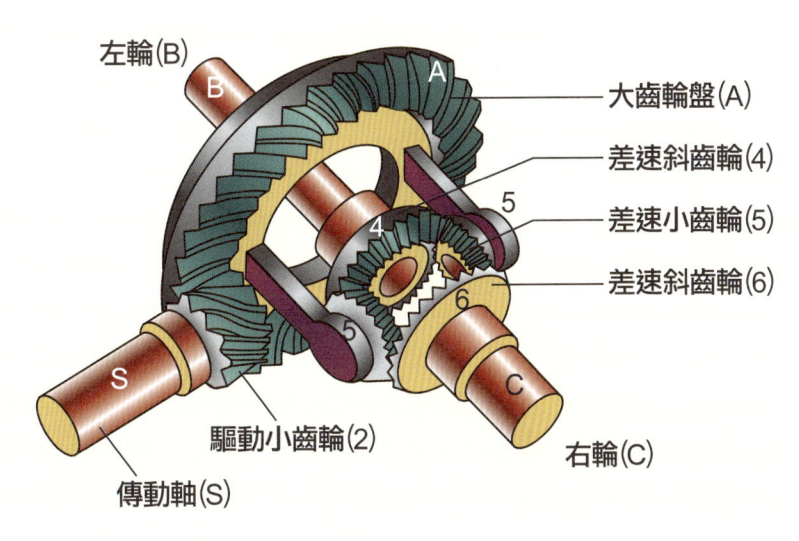

2. 轉彎

如果汽車向右轉彎，則左輪(B)之轉速比右輪(C)之轉速快（左轉彎時剛好相反），此時 A、4、6 三輪之轉速不同，轉速 N_m 即三輪有相對運動而成一周轉輪系。設首輪是齒輪 4，末輪是齒輪 6，輪系臂為齒輪 A，轉速 N_m，由於齒輪 4 與 6 齒數相同，轉向相反，故：e4 − 6 = −1，又周轉輪系之輪系值為末輪與旋臂的相對轉速比值，與首輪對旋臂相對轉速之比值：

$$e = \frac{N_{末}/m}{N_{首}/m} = \frac{N_{末} - N_m}{N_{首} - N_m}, \quad e4 - 6 = \frac{N_6 - N_A}{N_4 - N_A} = -1$$

可得　∴ $N_4 + N_6 = 2N_A$

由上式得知，在汽車差速機構中，左右兩輪轉速之和等於輪系臂大齒輪盤轉速之兩倍，亦即左輪之轉速 N_B（$N_B = N_4$，因為同一半軸）與右輪之轉速 N_C（$N_C = N_6$），因為同一半軸之和，等於大齒輪盤 A 轉速的兩倍。

單元 15
攪拌器

學習目標

1. 能瞭解行星齒輪機構的應用
2. 能應用行星齒輪製作攪拌機模型
3. 能觀察出行星齒輪傳動的特色
4. 能運用零件延伸攪拌機創作
5. 能設計工程實驗流程並歸納結果

1 認識攪拌器

攪拌機（Mixer）是一種透過行星齒輪機構傳動的廚房用具。1937 年，好萊塢歌手弗雷德‧瓦倫（Fred Waring）發明了攪拌機，當時命名為「瓦倫魔術混合機」，成為了人類史上第一款實用的食品攪拌機，很快便擄獲許多家庭主婦的心，成為廚房的好幫手。1938 年，它被改名為「瓦倫攪拌機」，在全國巡迴演唱期間，瓦倫親自帶著它拜訪各種飯店、俱樂部、咖啡廳、旅館，使出渾身解數為它做行銷，並喊出「瓦倫攪拌機將為美國飲料帶來革命性改變」的口號。

圖 15-1　電動攪拌機

2 積木寫生—攪伴器

請參考下列步驟，依序完成攪拌機傳動模型創作，如圖 15-2 所示。

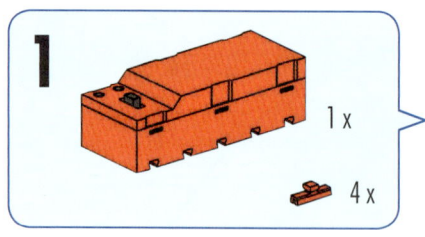

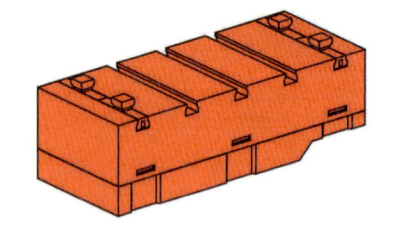

Step 1

1x
4x

單元15 攪拌器 147

Step 2

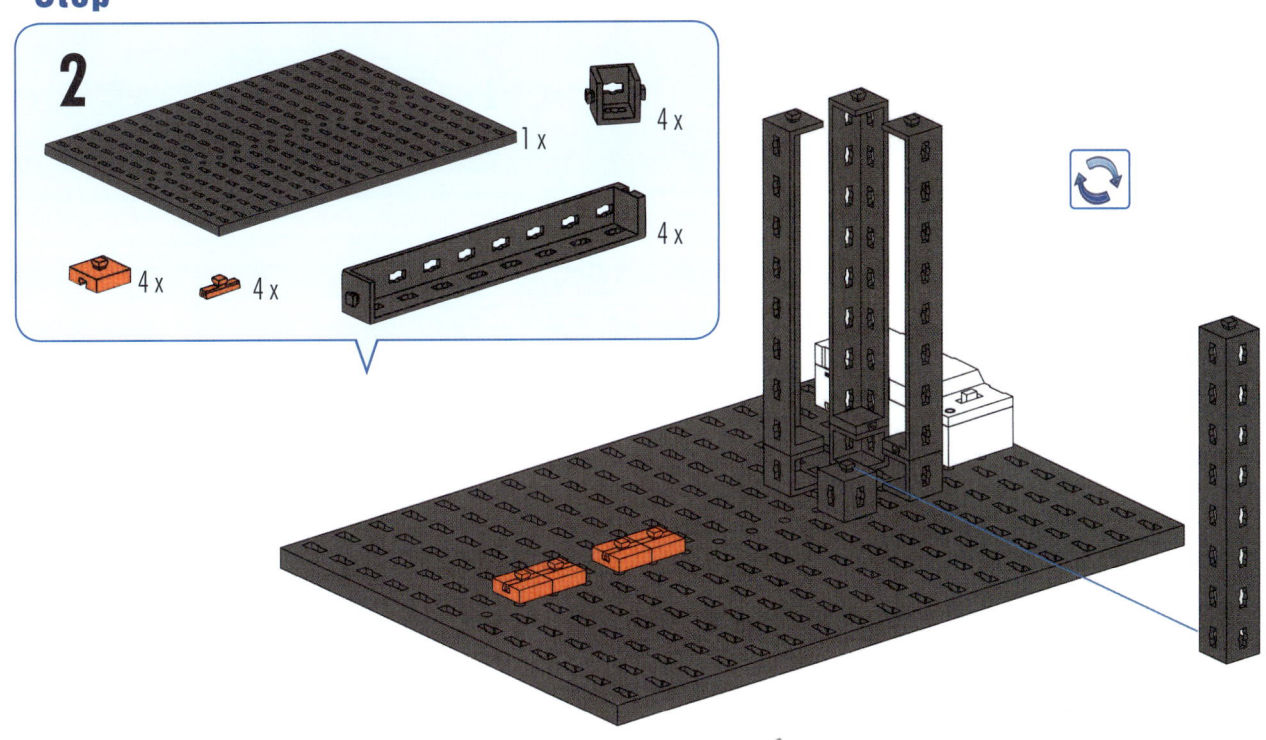

1x, 4x, 4x, 4x, 4x

Step 3

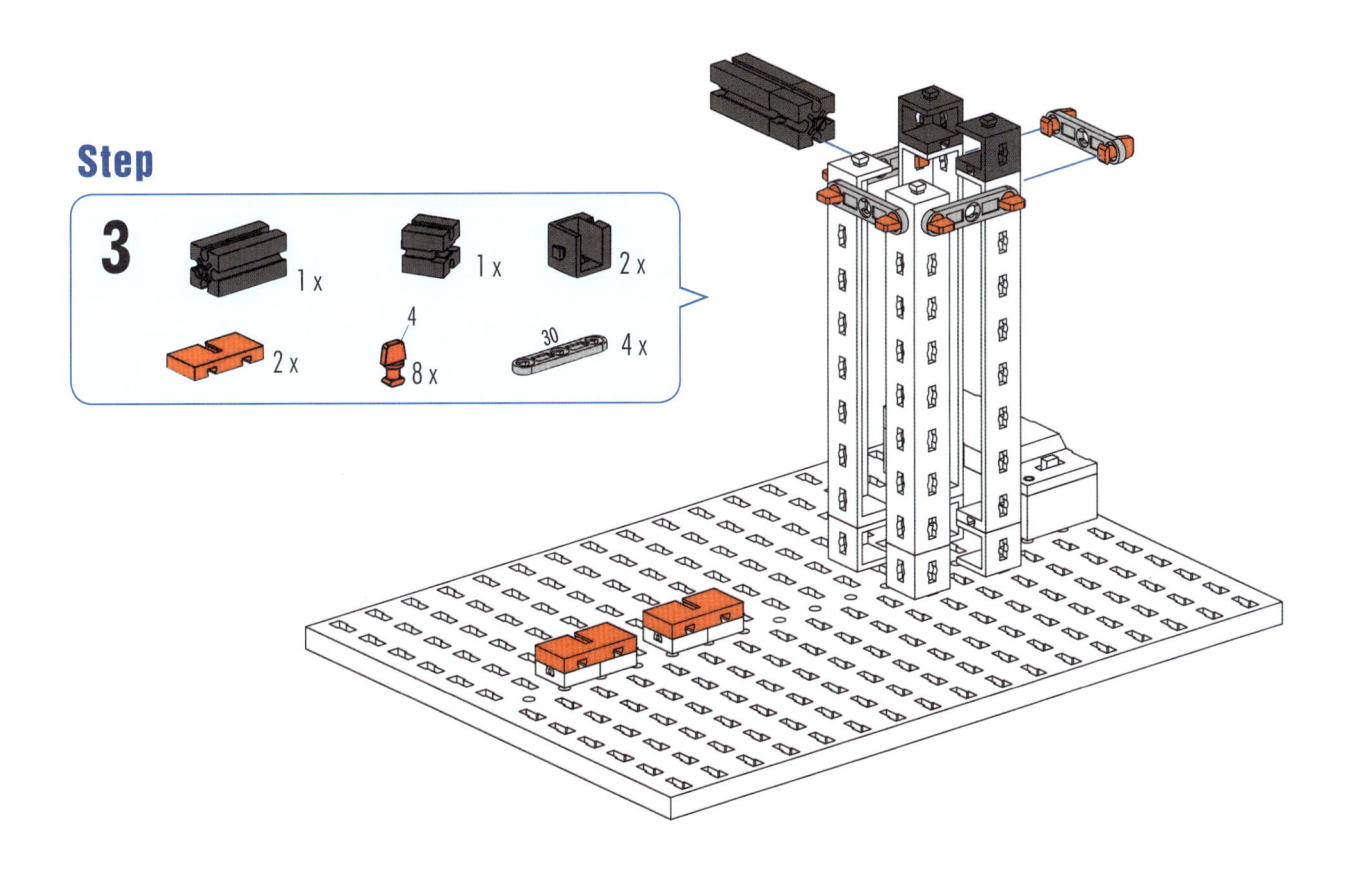

1x, 1x, 2x, 2x, 8x, 4x (30)

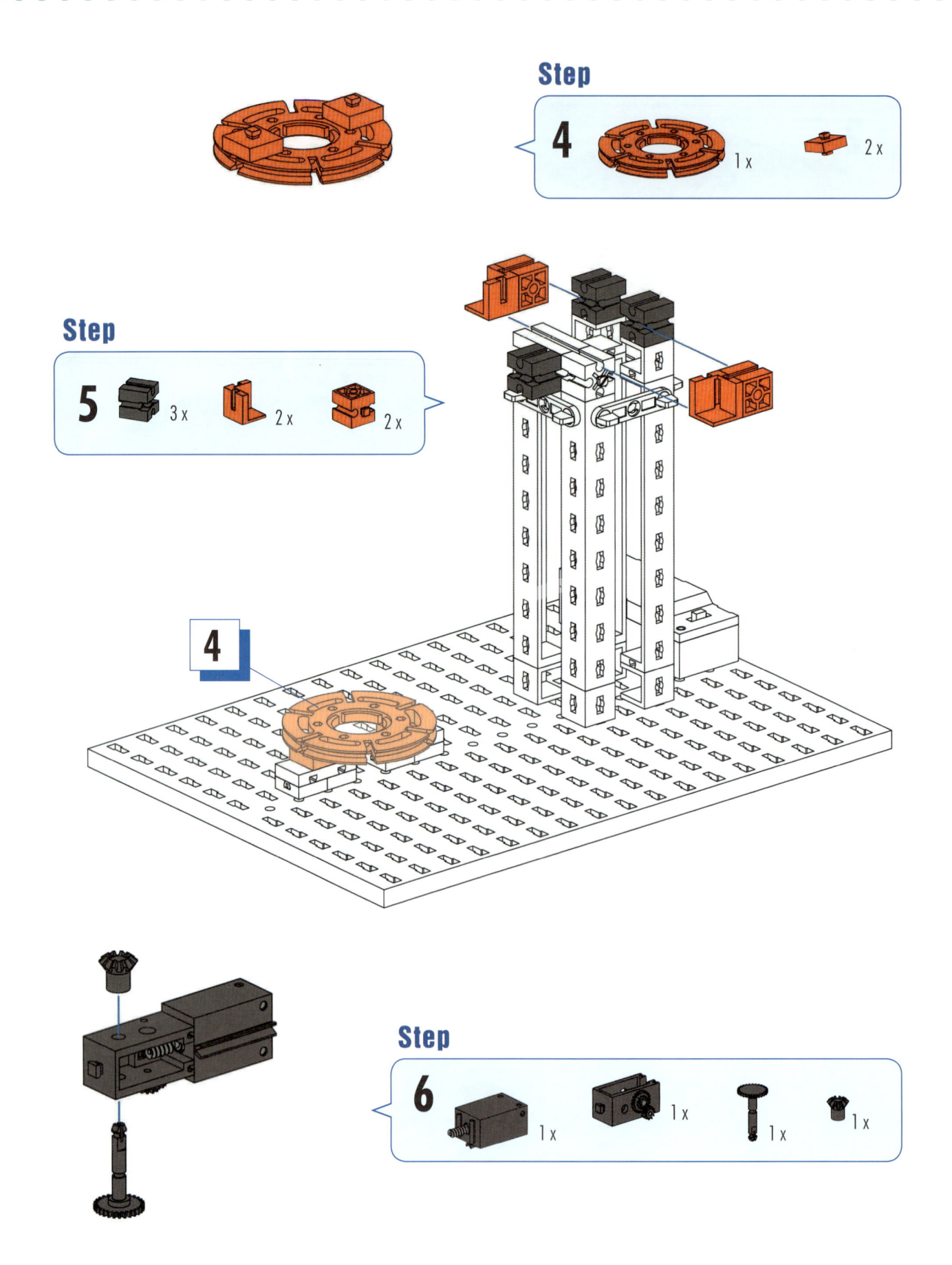

148　孩子的第一本工程科學 II
　—使用 fischertechnik 工程積木學習機構與設計實務

Step 4　1x　　2x

Step 5　3x　　2x　　2x

4

Step 6　1x　　1x　　1x　　1x

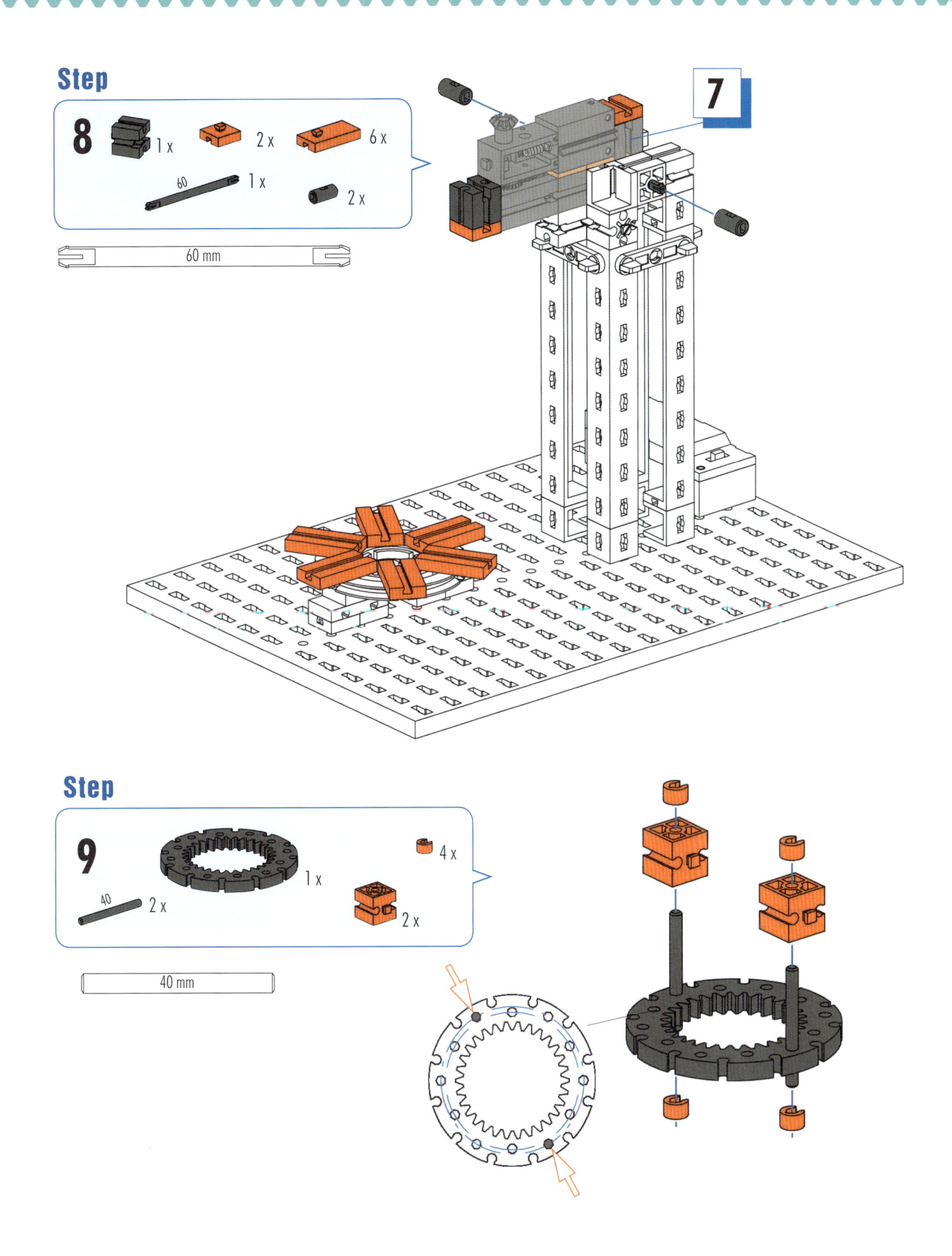

單元 15 攪拌器　149

Step 8

60 mm

Step 9

40 mm

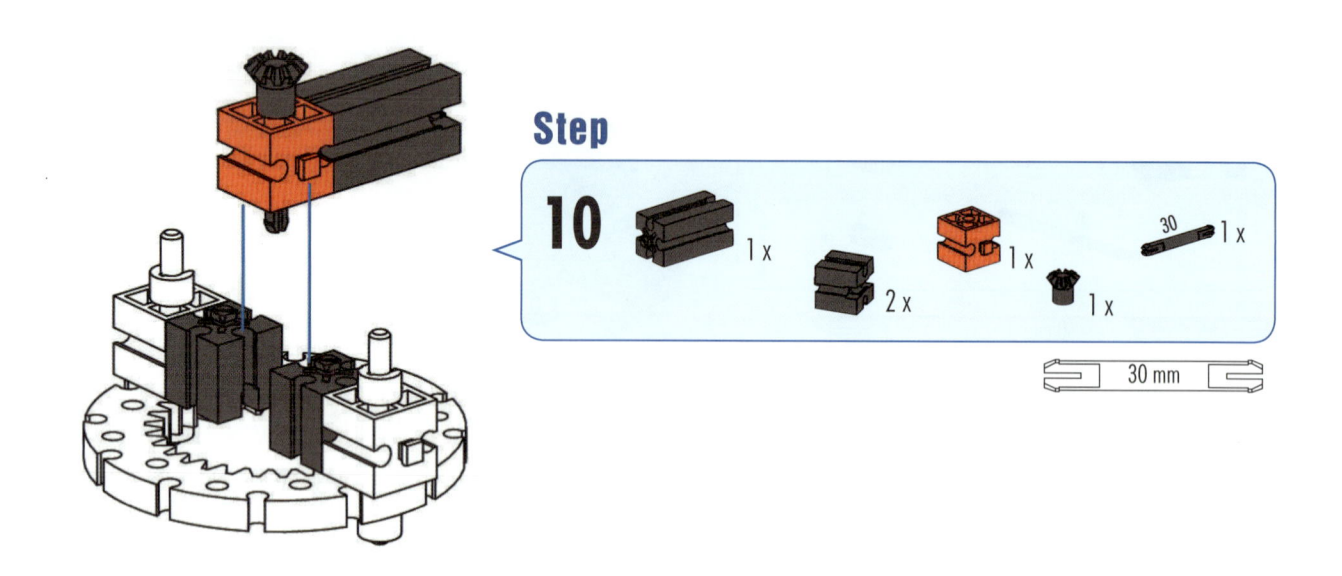

Step 10 1x 2x 1x 1x 30 1x

30 mm

Step 11 1x 2x 2x 2x 45 2x

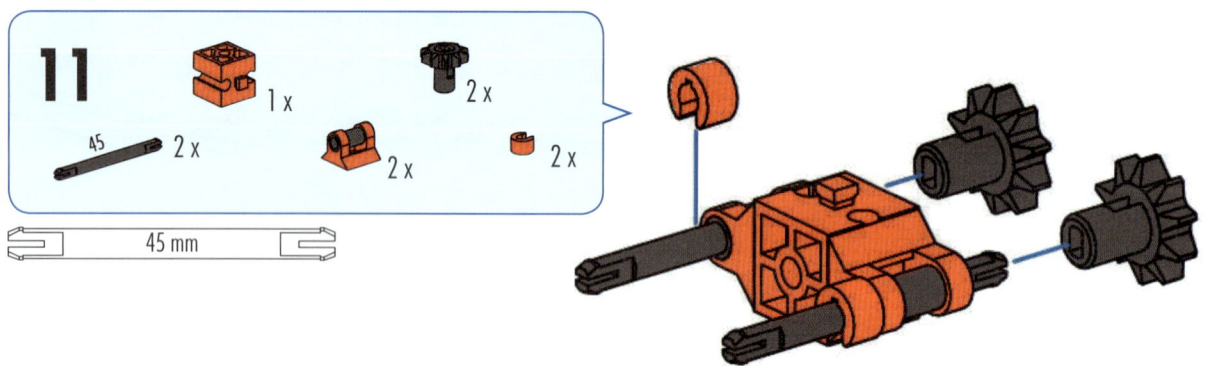

45 mm

Step 12 1x 30 1x 1x 2x

30 mm

11

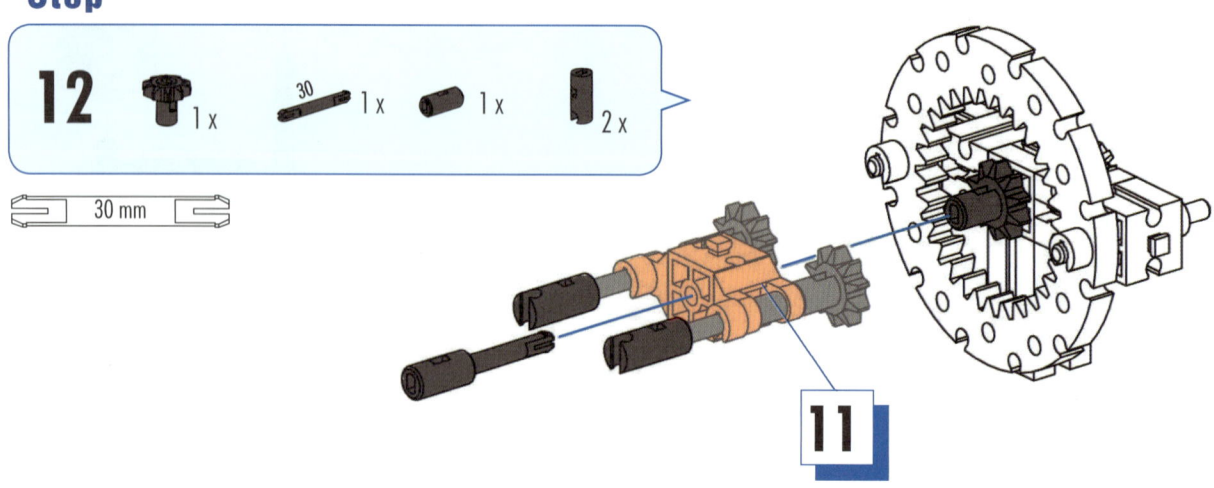

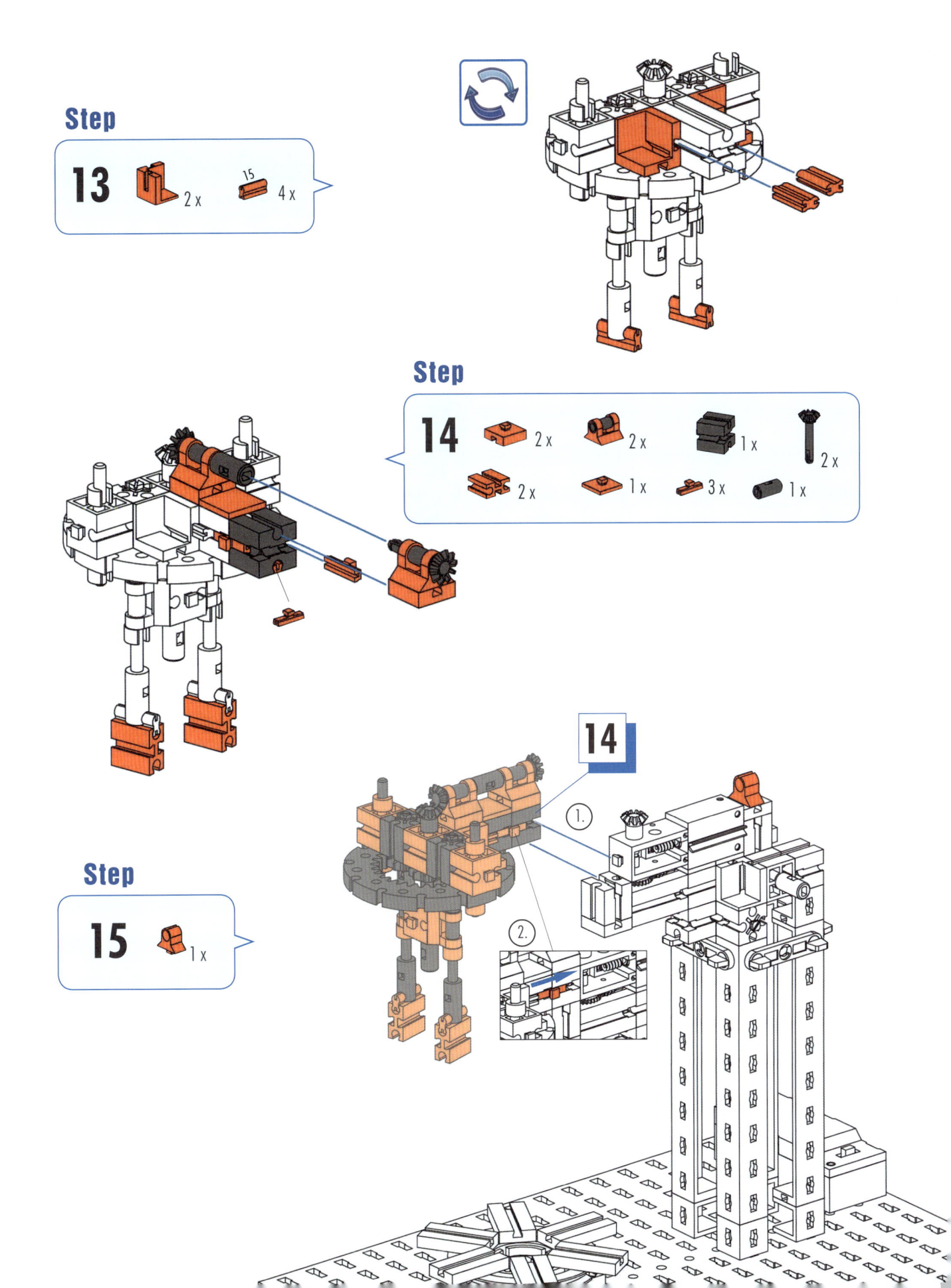

單元 15 攪拌器　151

Step

13　2x　15 4x

Step

14　2x　2x　1x　2x
　　　2x　1x　3x　1x

Step

15　1x

Step 16 2x 2x 1x

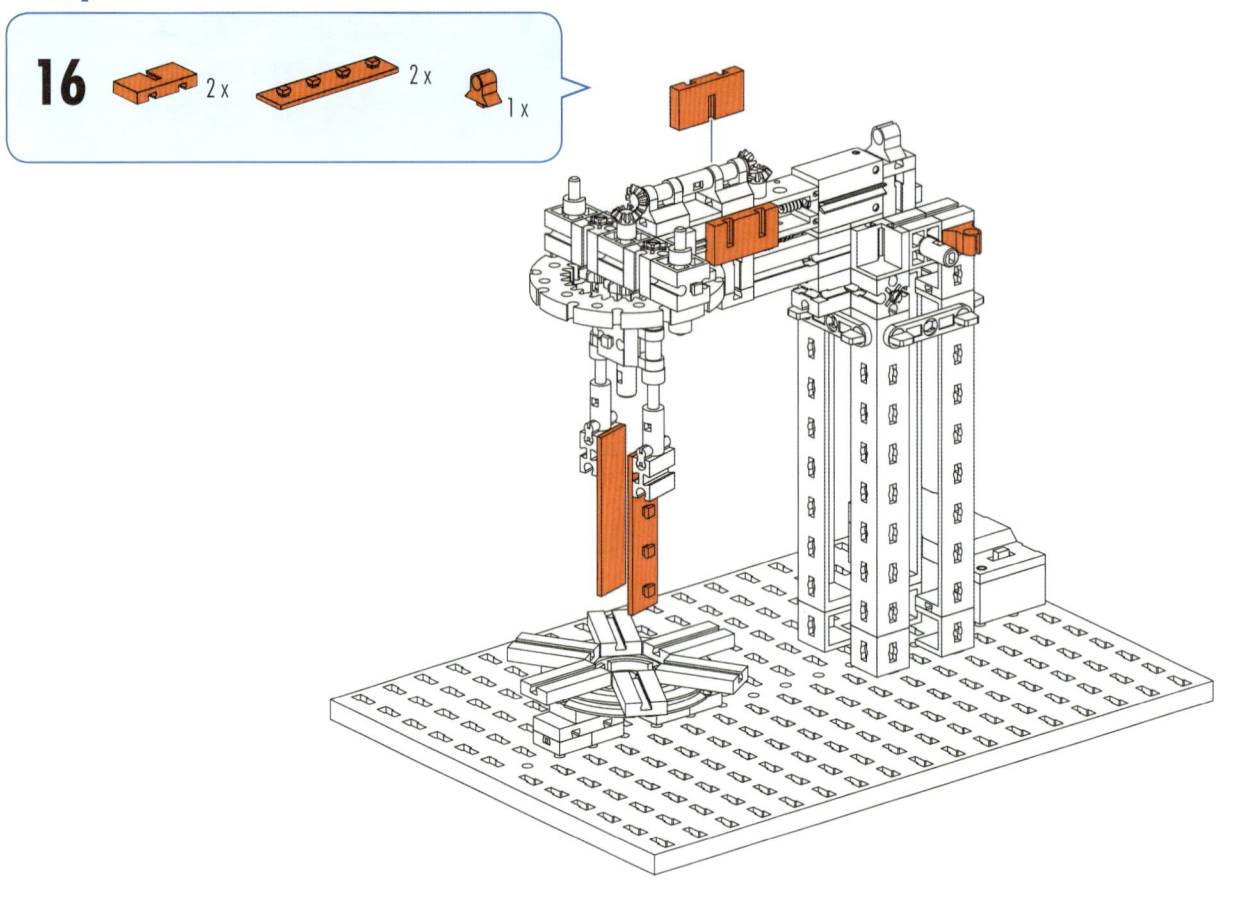

圖 15-2　攪拌機模型

- 斜齒輪
- 變速箱
- 馬達
- 行星齒輪機構
- 攪拌片
- 模擬器皿

3 工程實驗

1. 在圖 15-2 的攪拌機傳動模型，行星齒輪的動力來自馬達，再藉由斜齒輪傳達給太陽輪，太陽輪再帶動兩個行星齒輪，進而讓攪拌片轉動，試試看，有什麼方法也能使器皿和攪拌片同時轉動，而且旋轉的方向相反？沒有固定的方法喔！

2. 攪拌機使用行星齒輪機構有什麼優點？

4 實驗結果

1. 請自行想像及創作。

2. 使用行星齒輪可以放大攪拌片的運動軌跡，增加攪拌效果，整個機構具有體積小、重量輕、高減速比、負載大、傳動效率高等優點。

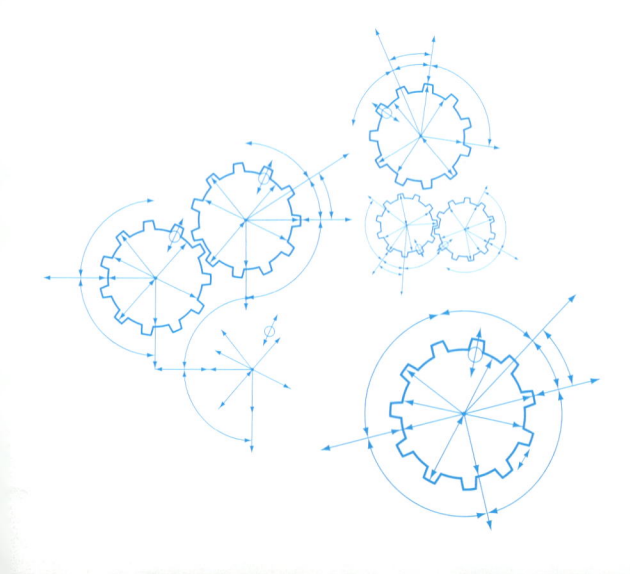

單元 16

柵欄機

⚙ 學習目標

1. 能瞭解蝸桿與蝸輪機構
2. 能應用工程積木製作柵欄機模型
3. 能觀察出蝸桿與蝸輪傳動的特色
4. 能運用零件延伸柵欄機創作
5. 能設計工程實驗流程並歸納結果

1 認識柵欄機

柵欄機（Barrier）最常被應用在停車場的出入口，做為管制車輛進出的關卡，當電子感應器偵測有車輛準備進出時，馬達會帶動齒輪機構，進而抬升橫桿。

在本單元裡，使用蝸桿傳動（Worm drive）機構，其中的機件分別為蝸桿（Worm）與蝸輪（Worm gear）組合，這是機械最常用的減速機構，蝸桿機件是簡單機械斜面及螺旋的應用，可以達到省力、降低被動輪（蝸輪）轉速，及產生較大的力矩。

圖 16-1　停車場柵欄機

圖 16-2　蝸桿與蝸輪

2 積木寫生─柵欄機

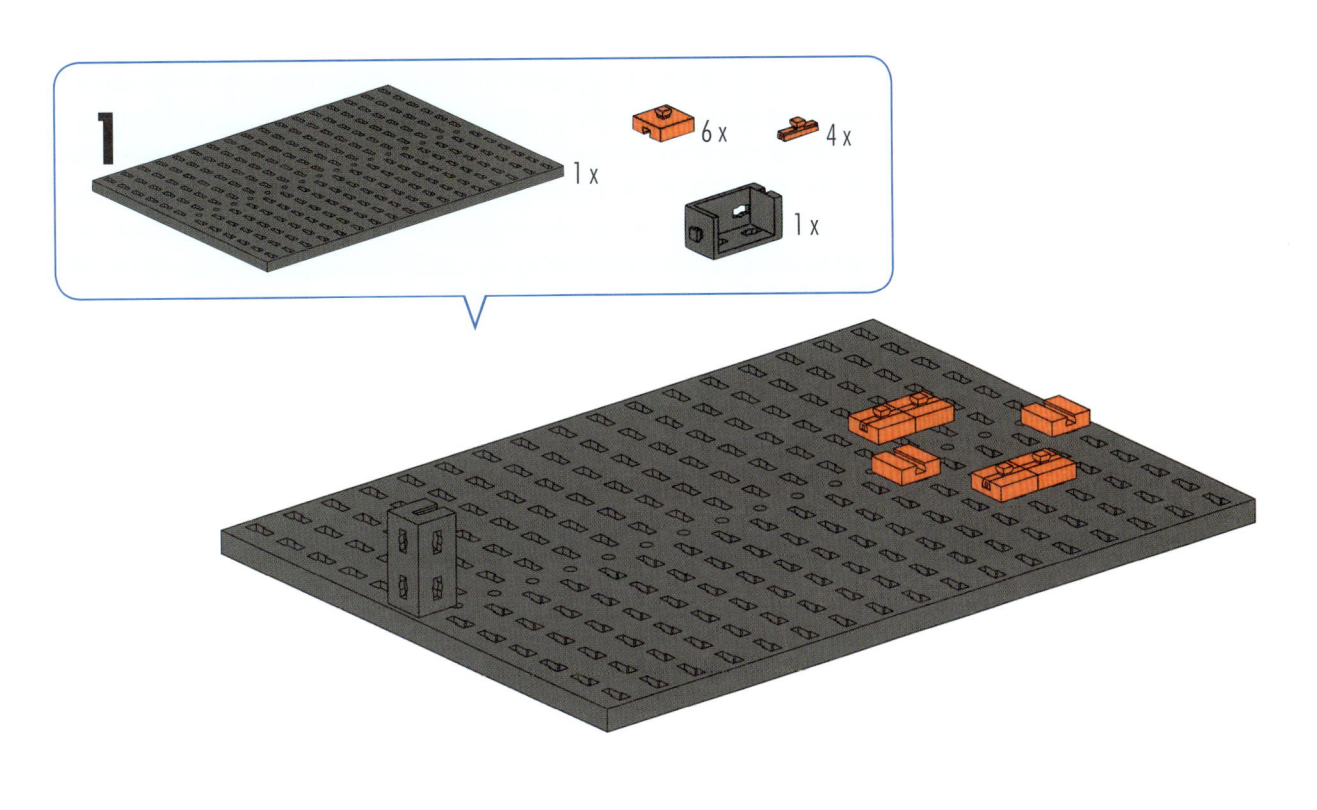

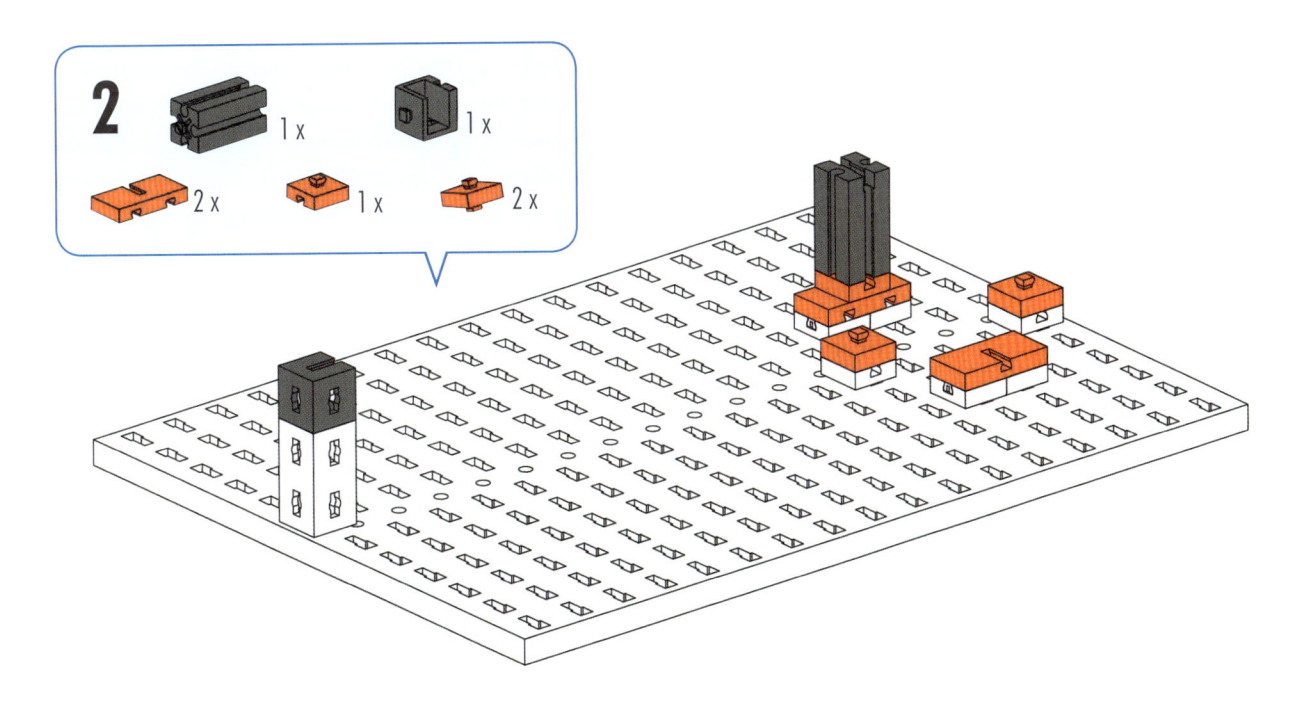

請參考下列步驟,依序完成柵欄機傳動模型製作,如圖 16-3 所示。

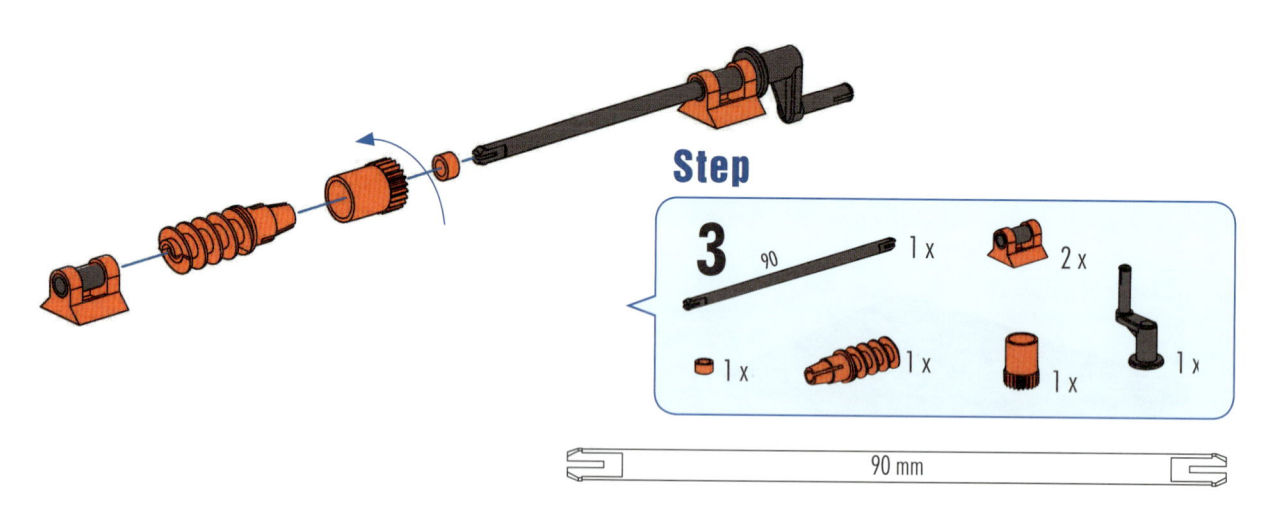

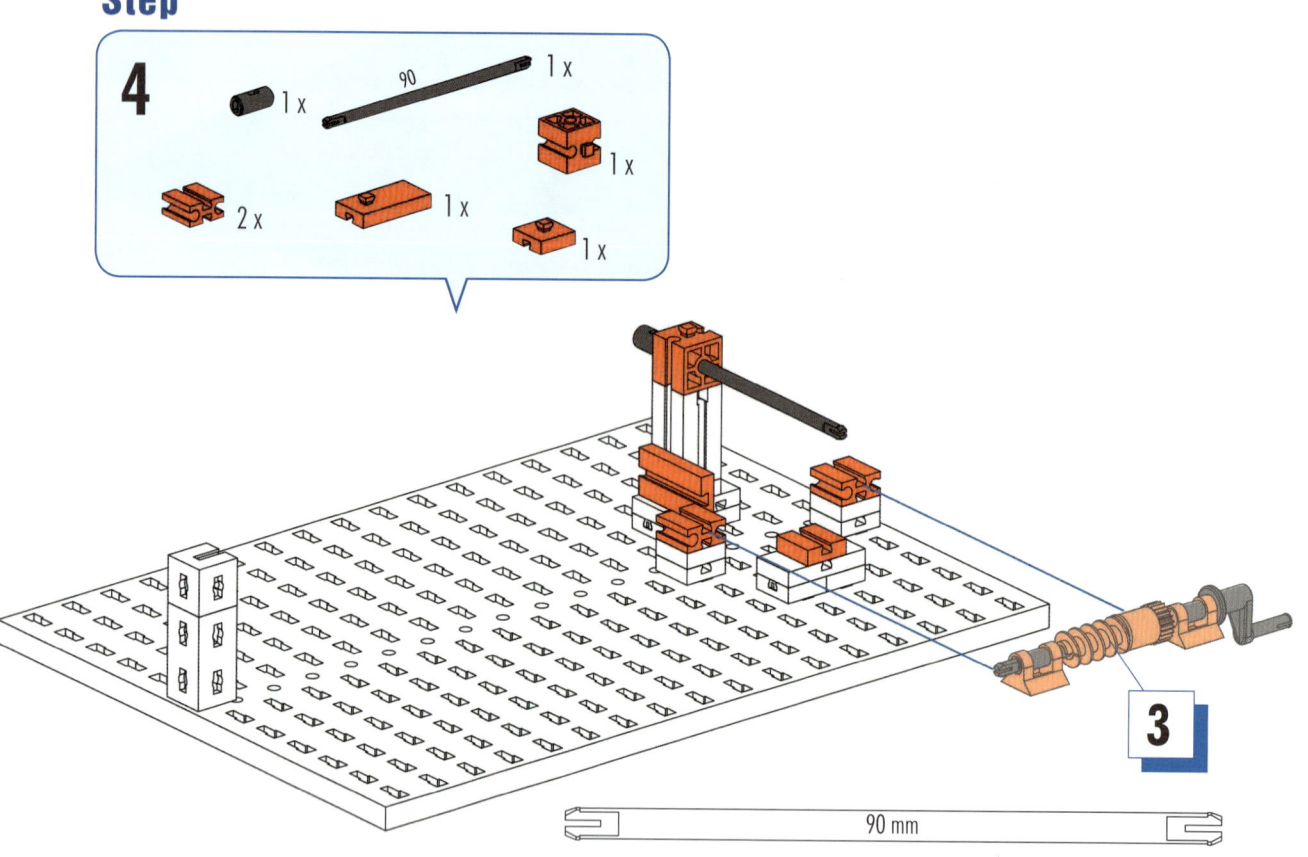

158　孩子的第一本工程科學 II
　　—使用 fischertechnik 工程積木學習機構與設計實務

Step 3

90 mm

Step 4

Step 5

90 mm

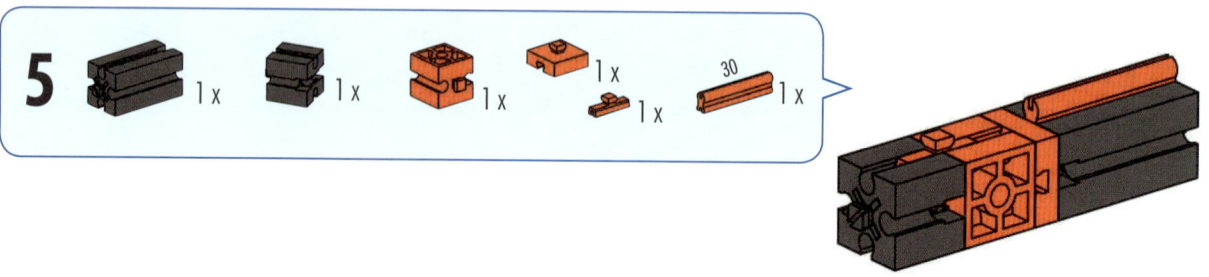

單元 16　柵欄機　159

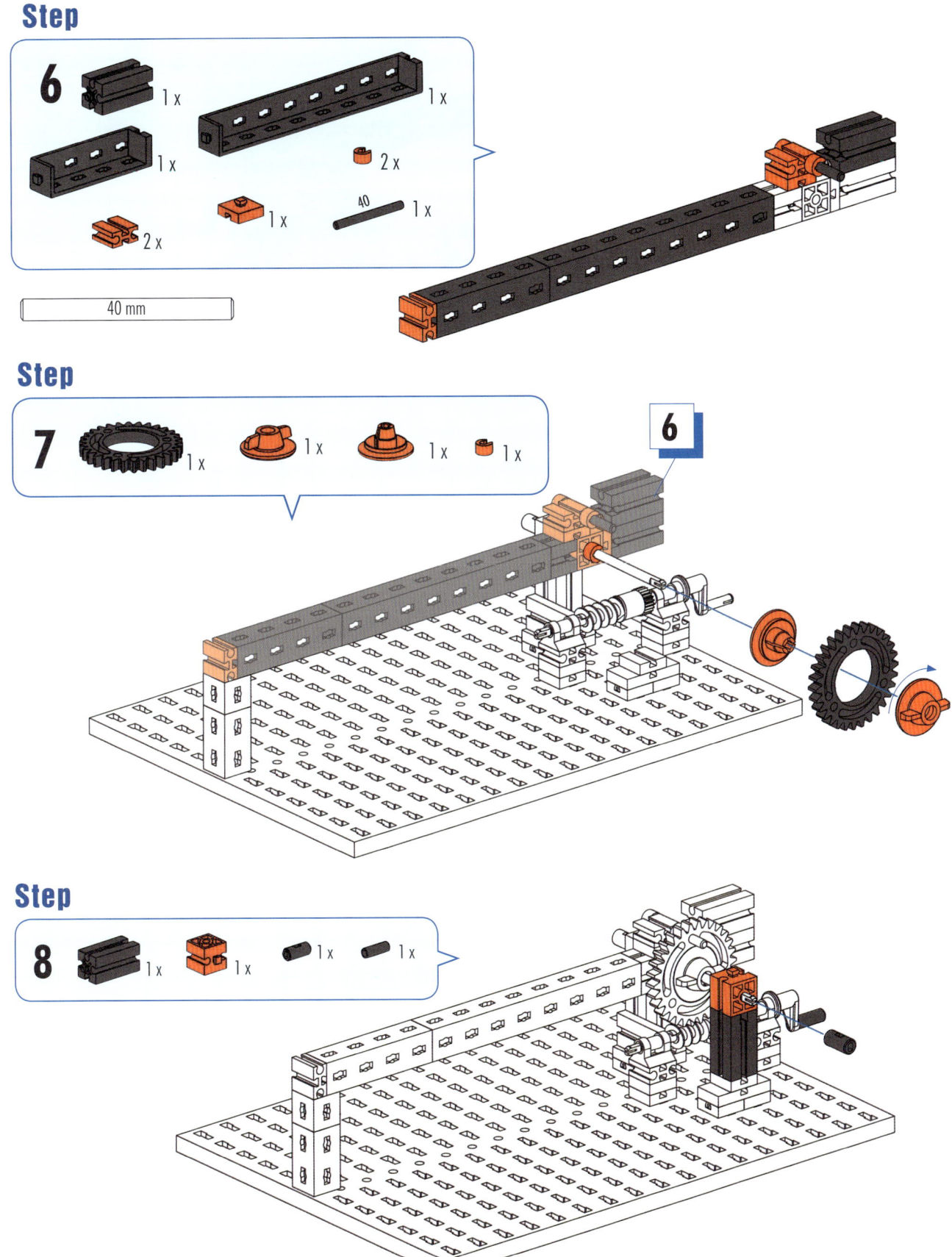

Step 6

1x　1x　1x　2x　2x　1x　40　1x

40 mm

Step 7

1x　1x　1x　1x

Step 8

1x　1x　1x　1x

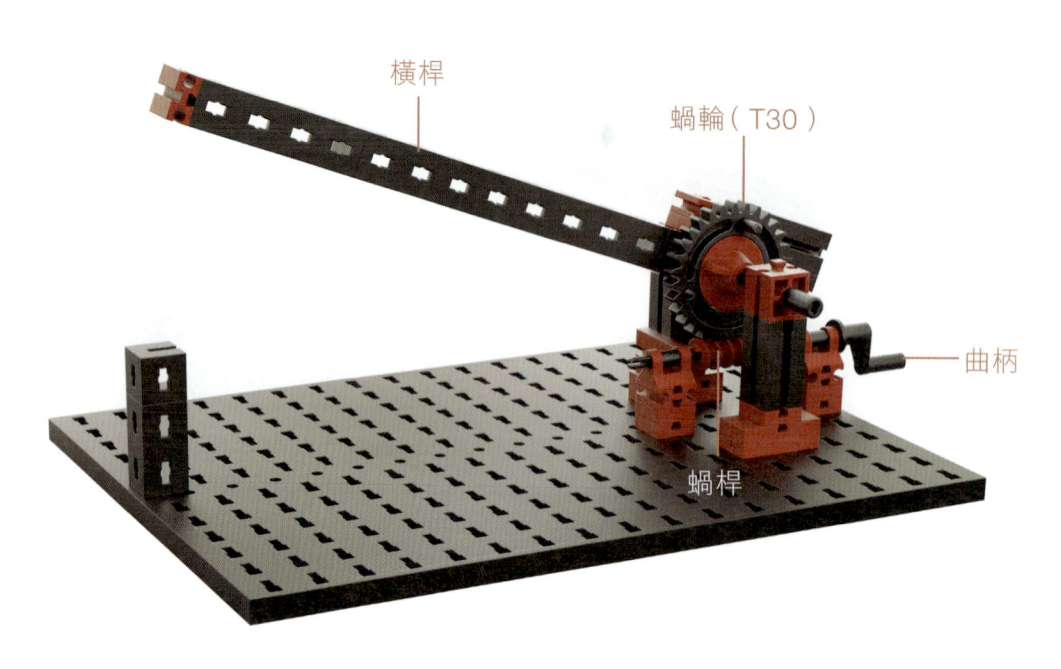

圖 16-3　柵欄機傳動模型

3 工程實驗

1. 轉動圖 16-3 的曲柄，觀察蝸桿轉動幾圈時，蝸輪會轉動一圈？

2. 用手轉動圖 16-3 的蝸輪，你有什麼發現嗎？

4 實驗結果

1. 30 圈。蝸桿轉動一圈時蝸輪會轉動一格，所以要使蝸輪轉一圈，蝸桿要轉動 30 圈，所以能有大的減速比。蝸桿上的螺紋為斜面原理的應用，稱之為螺旋，是簡易機械的一種。詳細資料可參考單元 12 的螺旋內容介紹。

2. 轉不動。表示使用蝸桿傳動機構時，蝸桿必須為主動。

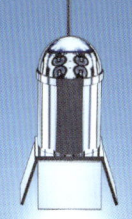

單元 17
旋轉展示台

學習目標

1. 能瞭解蝸桿與蝸輪
2. 能應用工程積木製作旋轉展示台模型
3. 能觀察出蝸桿傳動的特色
4. 能運用零件延伸旋轉展示台機構創作
5. 能設計工程實驗流程並歸納結果

1 認識旋轉展示台

在許多百貨公司專櫃，或商展會場，都可以看到能做 360° 轉動的旋轉台（Turntable），其設計目的在避免視線死角，能提供各個角度都保有清楚的觀看效果，而且轉動速度不能太快。

如果展示台上的承載物很輕，如鑽石、珠寶，有些甚至可使用太陽能做為馬達動力來源，如果上面的負載很重，如汽車，那展示台底部的傳動機構就必須能提供大的扭力，所以蝸桿傳動機構提供了最佳設計方案之一。

2 積木寫生─旋轉展示台

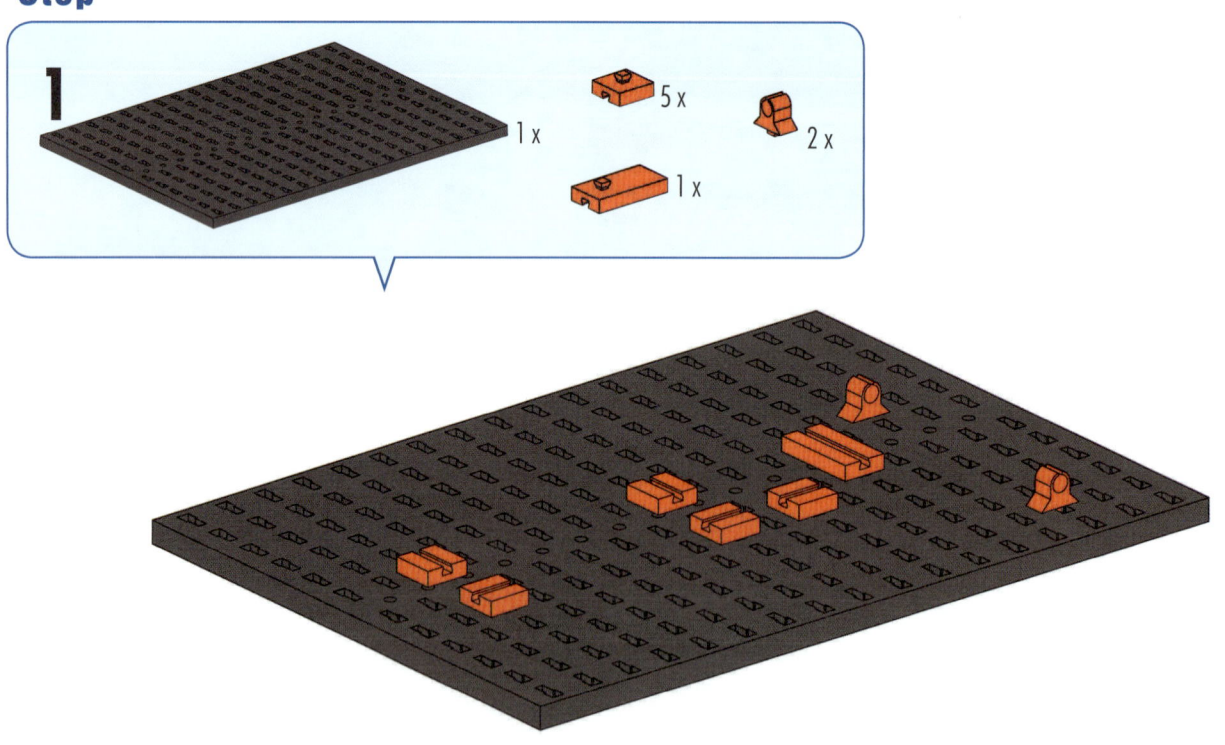

請參考下列步驟，依序完成旋轉展示台傳動模型製作，如圖 17-1 所示。

Step

1　1x、5x、1x、2x

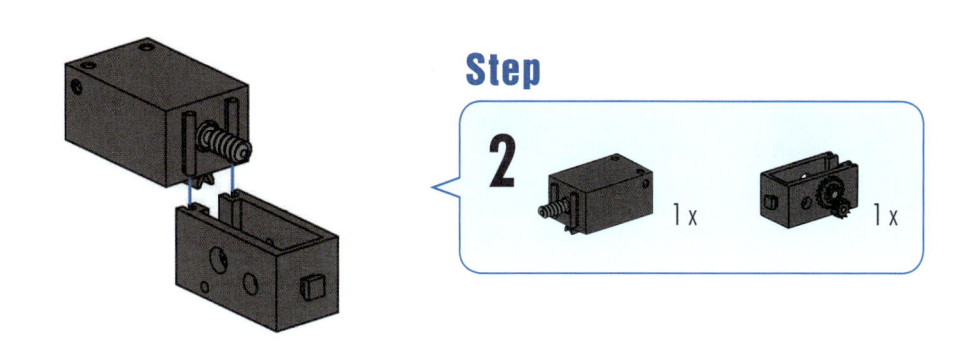

單元 17　旋轉展示台

Step 2
1x　1x

Step 3
4x　1x　2x　1x　1x

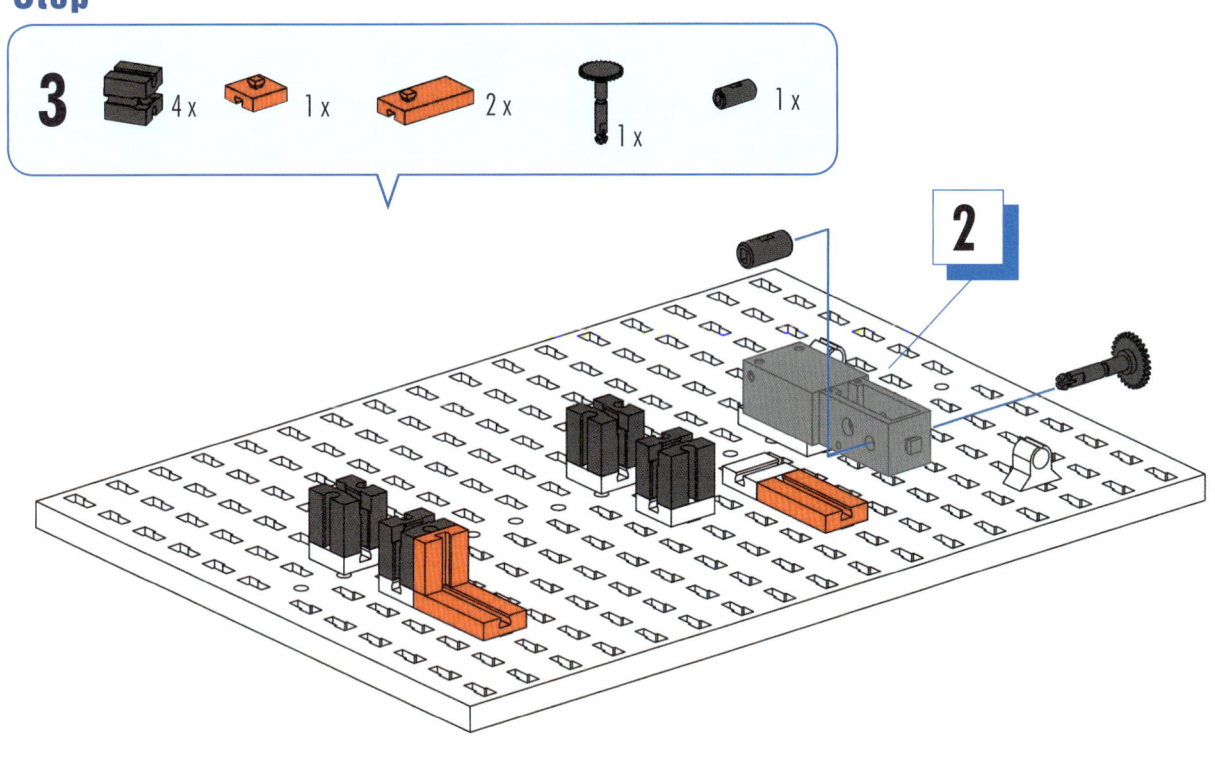

2

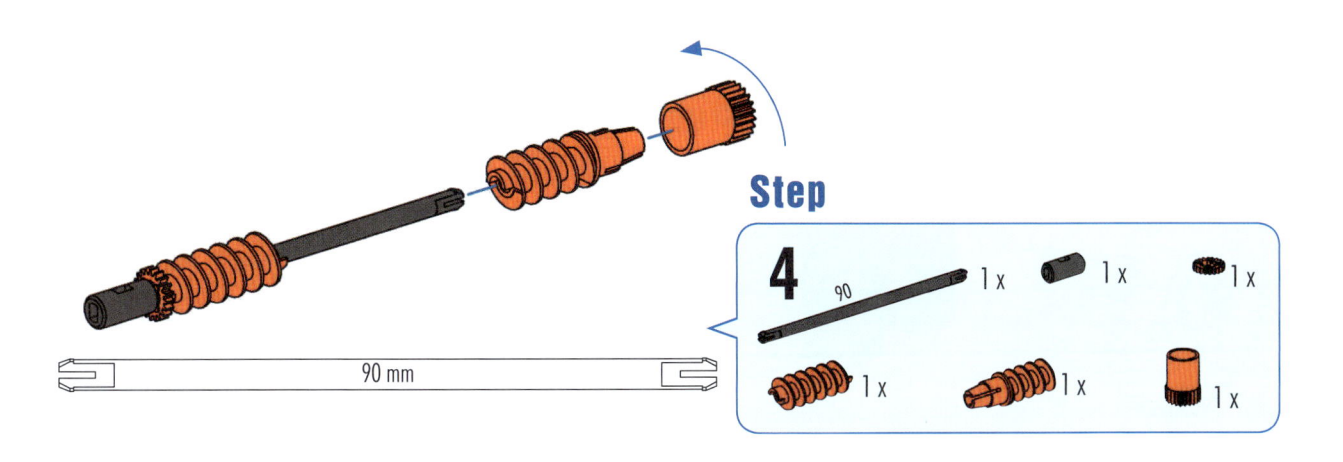

Step 4
90　1x　1x　1x
1x　1x　1x

90 mm

Step 5 1x 1x 1x 4x 30 1x 1x

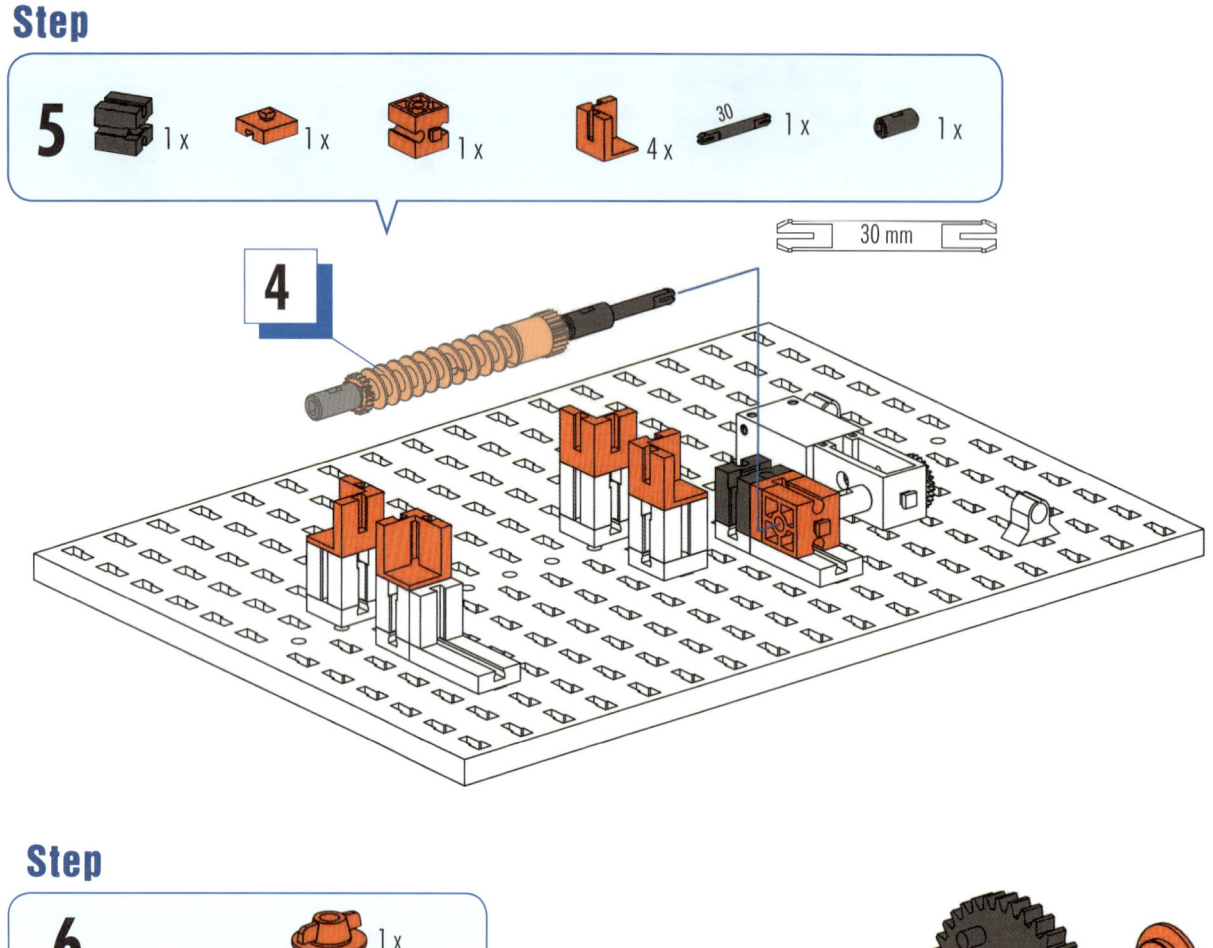

30 mm

4

Step 6 1x 60 1x 1x 1x

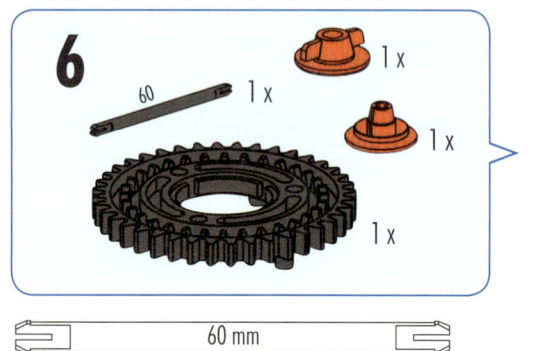

60 mm

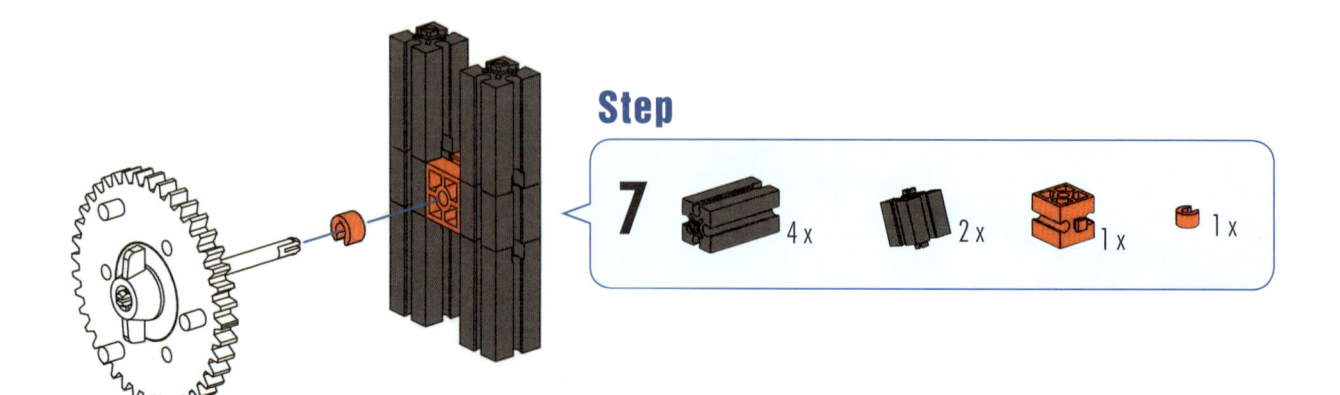

Step 7 4x 2x 1x 1x

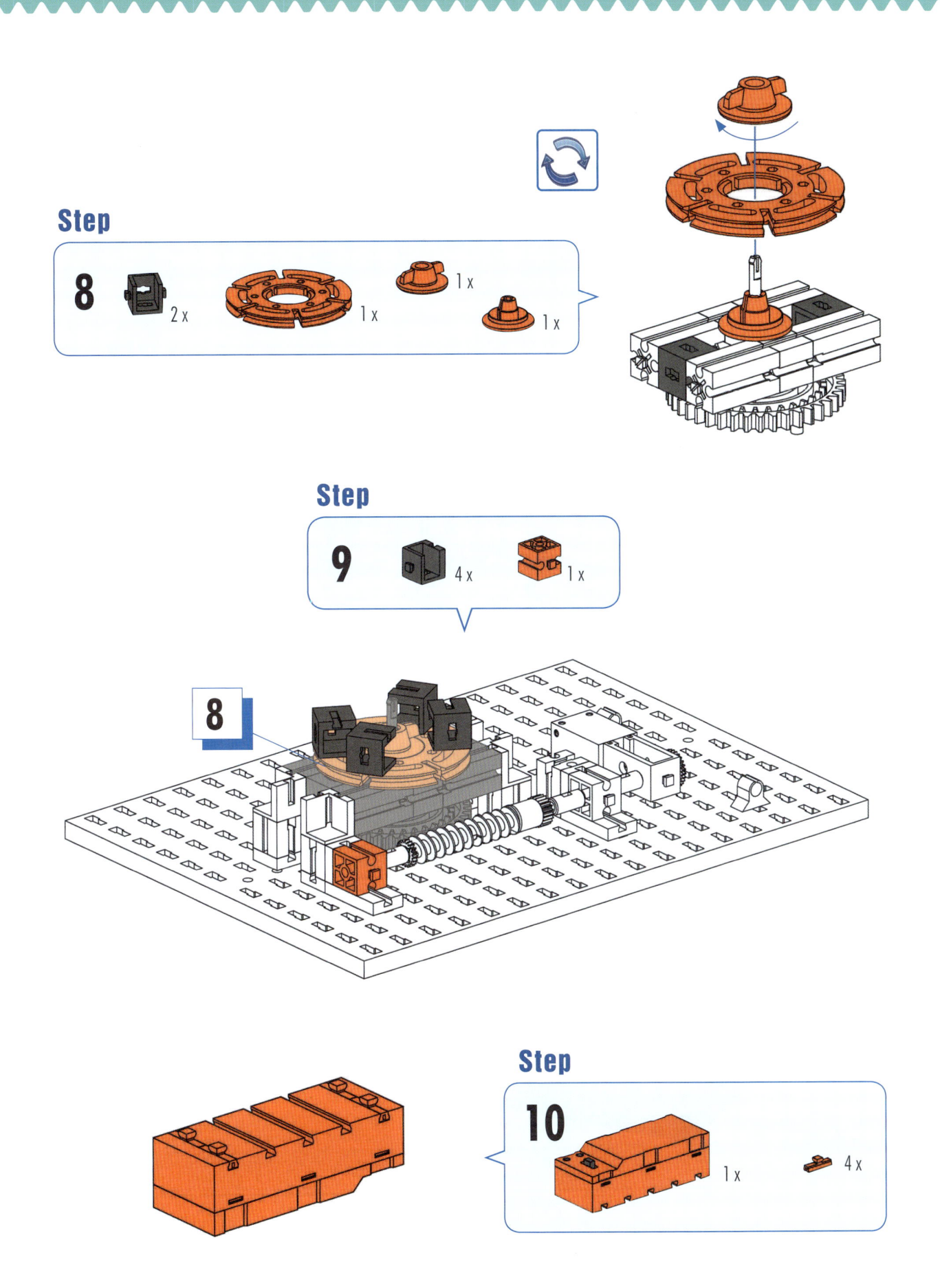

單元 17　旋轉展示台　165

Step 8　2x　1x　1x　1x

Step 9　4x　1x

Step 10　1x　4x

Step

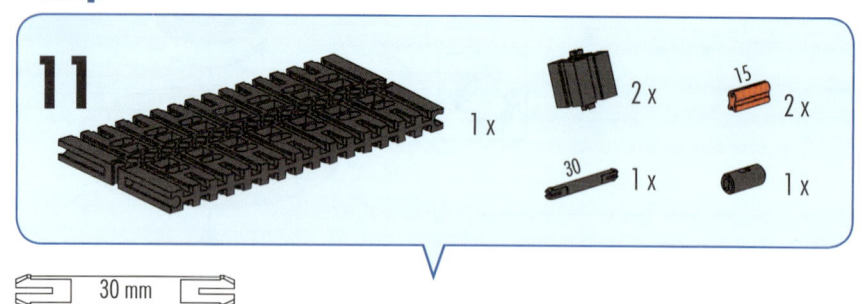

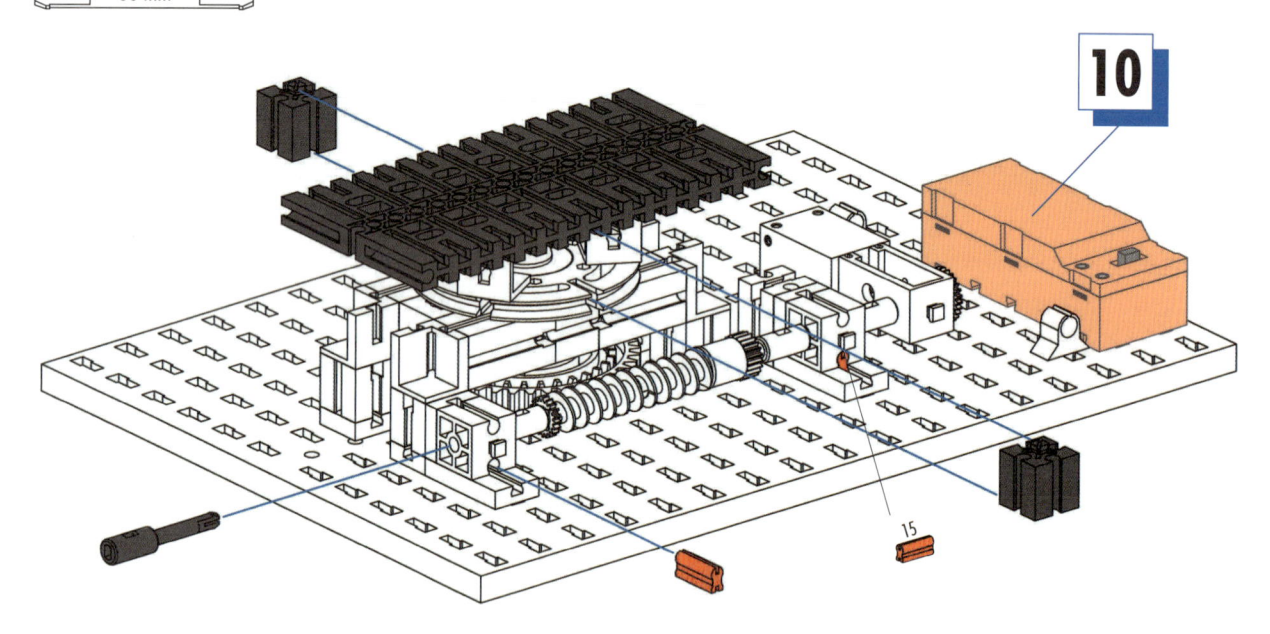

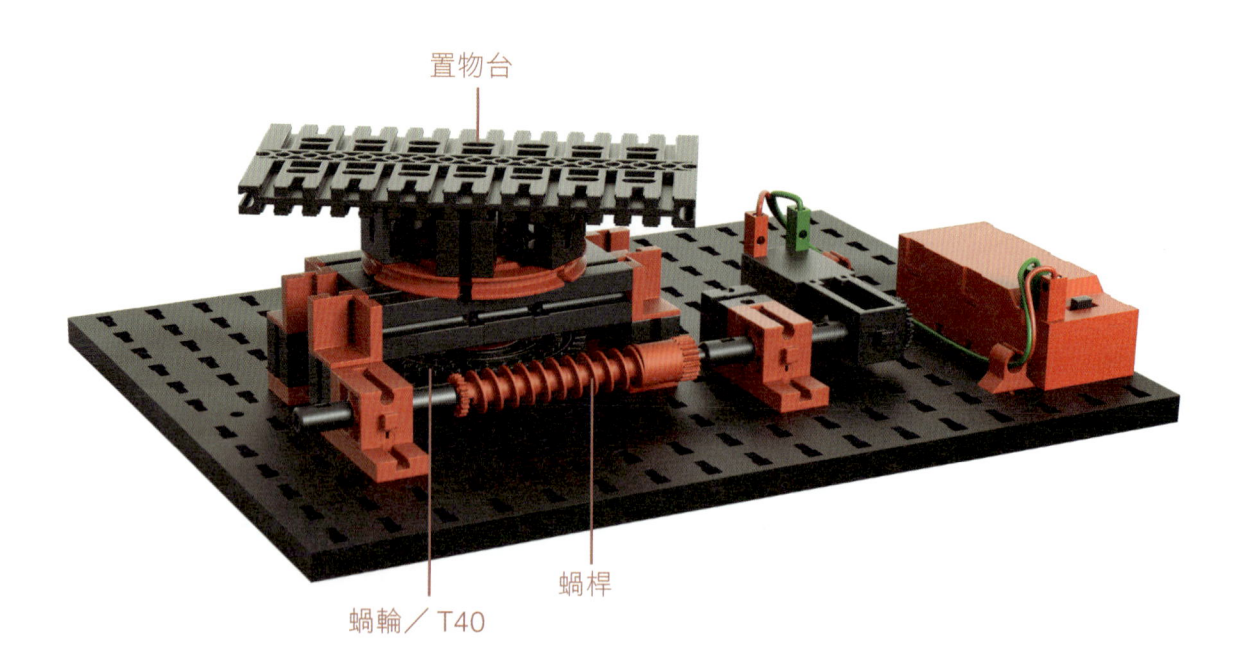

11

1 x (履帶板) | 2 x | 15 / 2 x
30 / 1 x | 1 x

⟵ 30 mm ⟶

10

置物台

蝸桿

蝸輪／T40

圖 17-1 旋轉展示台傳動模型

3 工程實驗

1. 你認為圖 17-1 中的展示台，使用蝸桿傳動機構有什麼特色？

2. 只從機構設計面考慮，要如何能使展示台旋轉速度更慢呢？

4 實驗結果

1. 讓展示台能緩慢轉動。因為展示台的設計目的是承載物品，及能做 360°旋動，所以蝸桿傳動減速機構是最佳機構設計之一。

2. 當然，這題沒有標準答案，有很多種機構設計都能讓輸出轉速變得更慢，如選擇更多齒數的蝸輪（T48），如下圖所示，或採複式輪系機構設計。

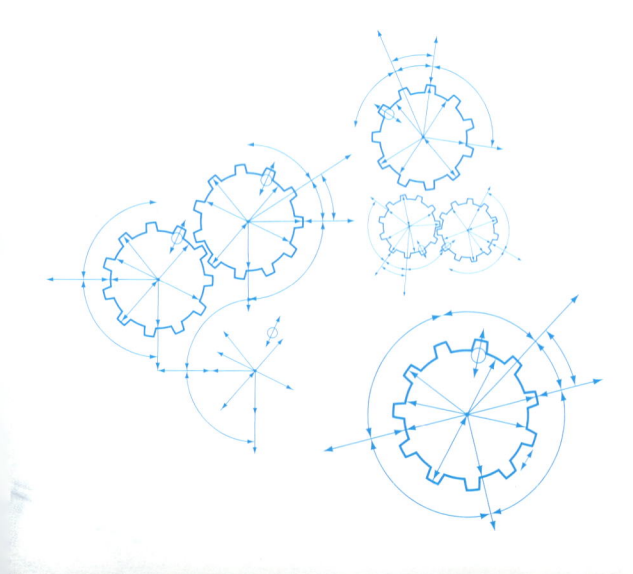

單元 18
剪叉式升降機

⚙ 學習目標
1. 能瞭解蝸桿與蝸輪
2. 能應用工程積木製作剪叉式升降機模型
3. 能觀察出自由度在機構運動的功用
4. 能運用零件延伸剪叉式升降機創作
5. 能設計工程實驗流程並歸納結果

1 認識剪叉式升降機

剪叉式升降機（Scissor lift）常用在高空作業的場合，它的機械結構，有著寬大的作業平台空間，使人站立在升起的升降台後仍能維持較高的穩定性，及較大的承載力，並適合多人同時作業，使得高空作業效率更高，也更安全。

它適合需要較大範圍的高空連續作業環境，如機場飛機檢修、停機坪、碼頭、商場、體育館、工廠等。升降機通常利用油壓做為動力來源，但在本單元裡，動力係使用蝸桿傳動機構。

圖 18-1 剪叉式升降機

2 積木寫生—剪叉式升降機

請參考下列步驟，依序完成剪叉式升降機模型製作，如圖 18-2 所示。

Step

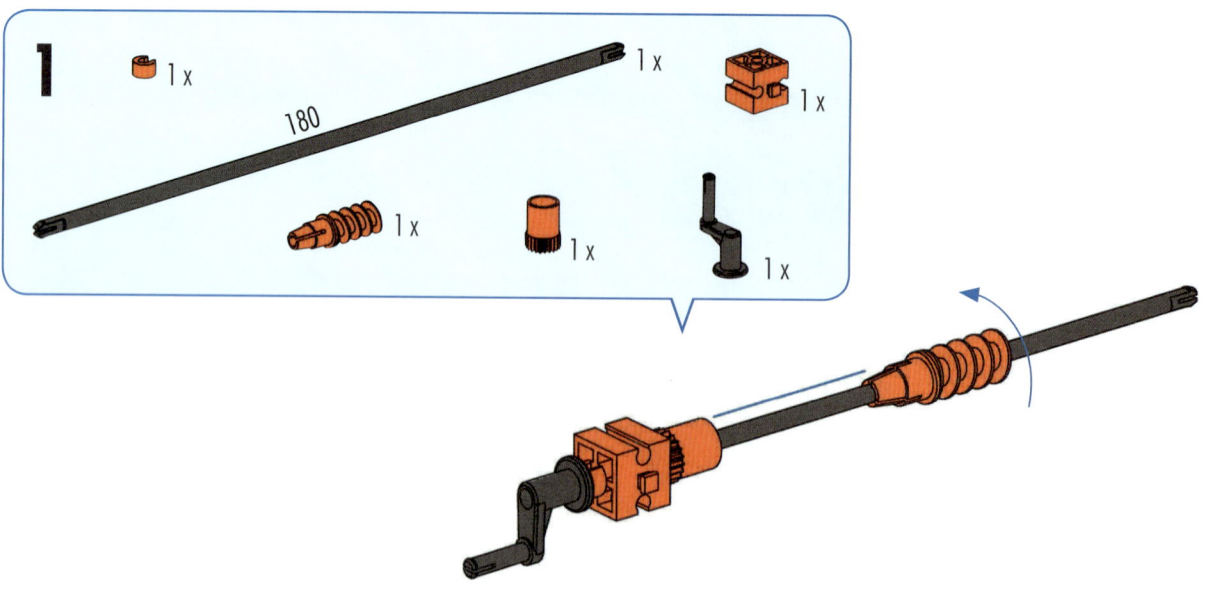

1　1x　　180　1x　　1x
　　1x　　1x　　1x

180 mm

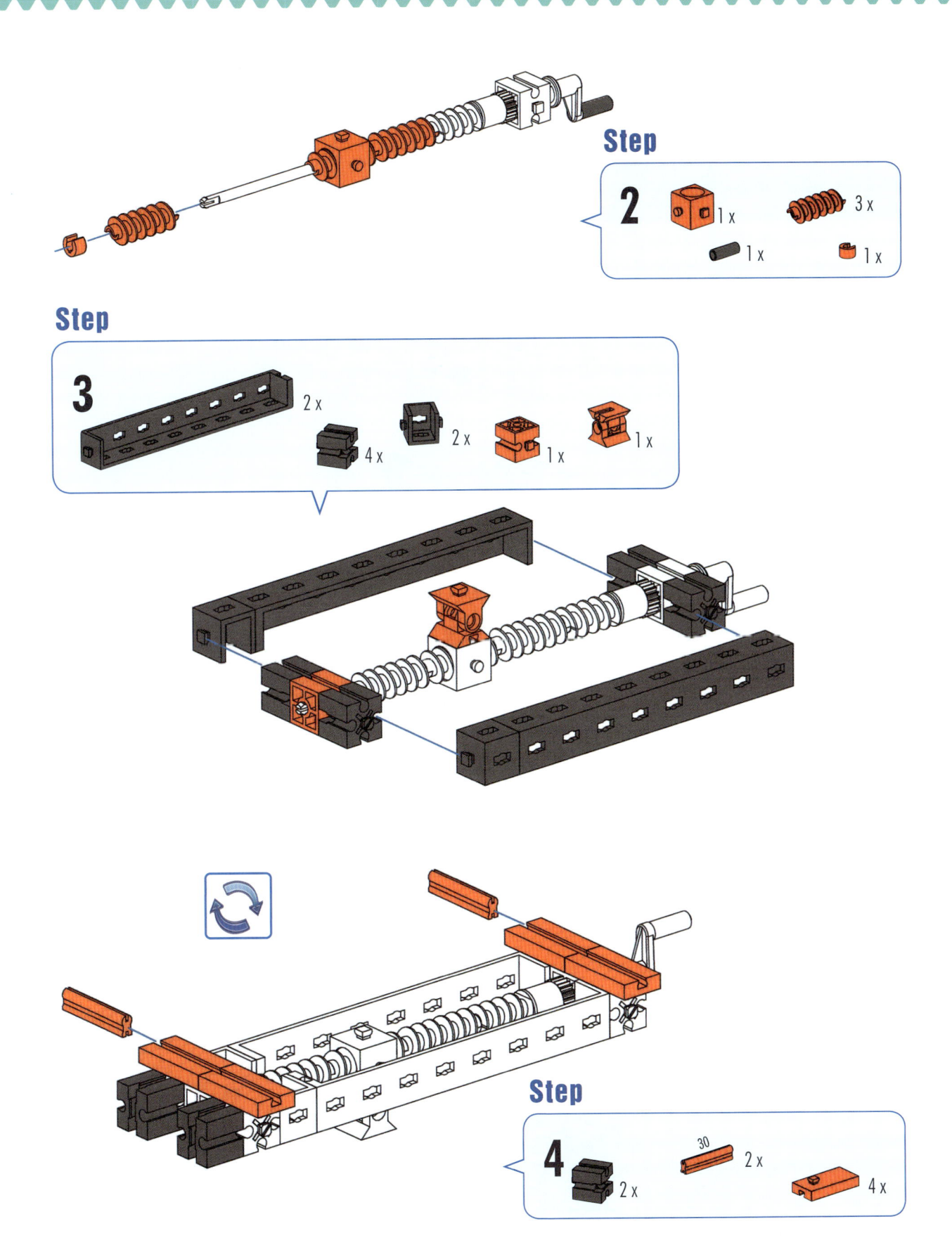

單元 18　剪叉式升降機　171

Step 2
- 1x
- 3x
- 1x
- 1x

Step 3
- 2x
- 4x
- 2x
- 1x
- 1x

Step 4
- 2x
- 30　2x
- 4x

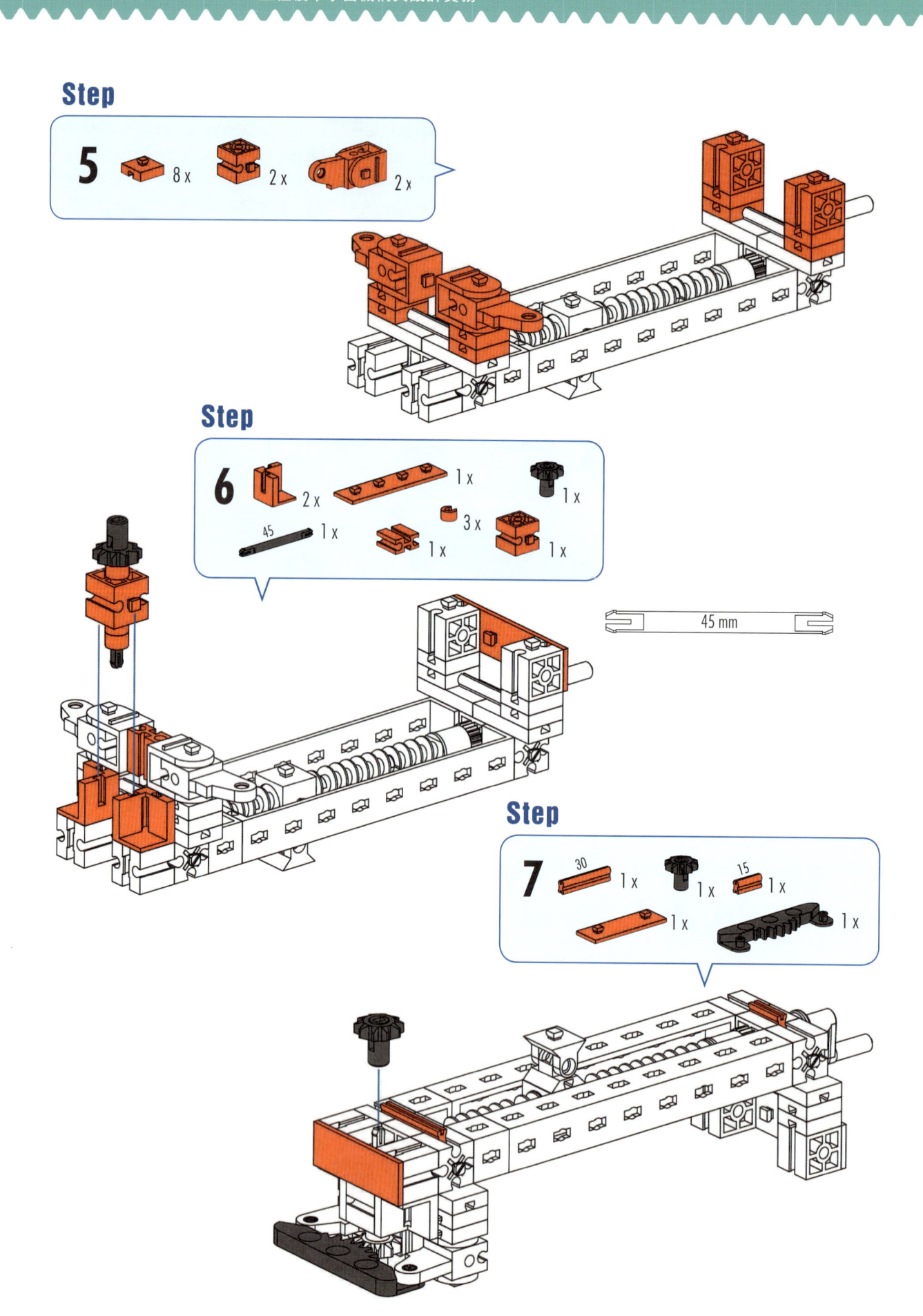

172　孩子的第一本工程科學 II
　　—使用 fischertechnik 工程積木學習機構與設計實務

Step 5　8x　2x　2x

Step 6　2x　1x　1x　45 1x　1x　3x　1x

45 mm

Step 7　30 1x　1x　15 1x　1x　1x

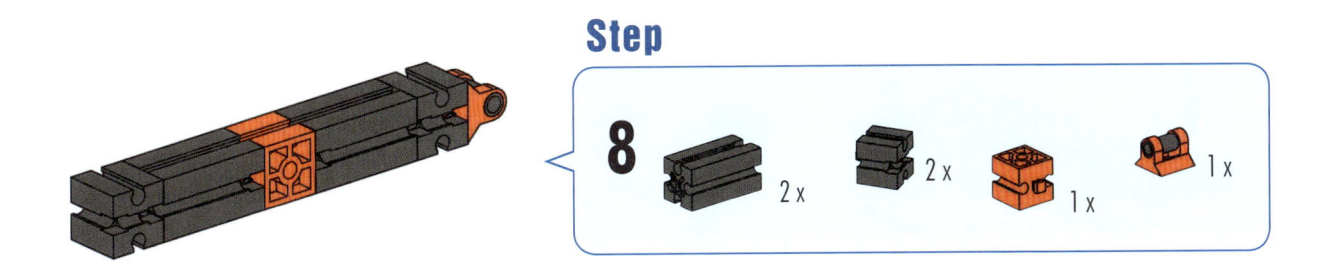

單元 18　剪叉式升降機

Step 8

Step 9

60 mm

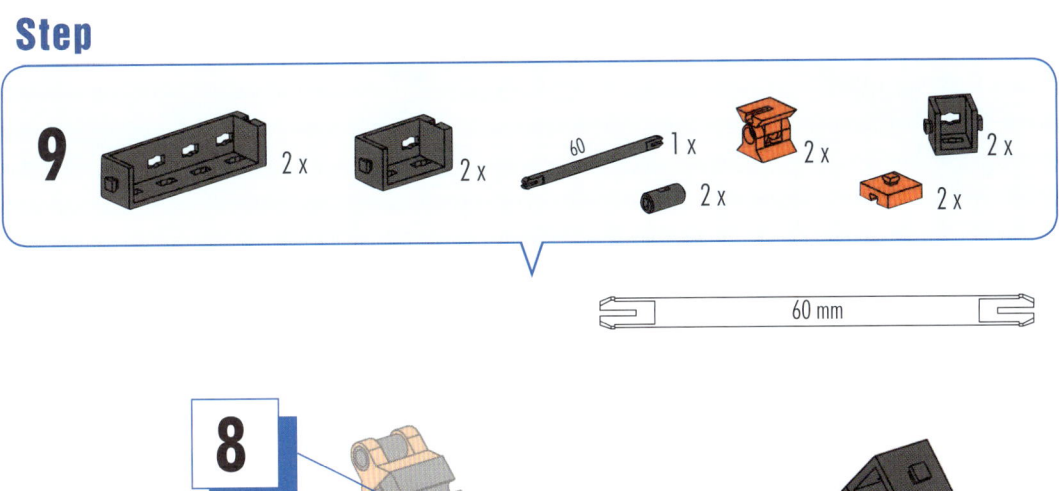

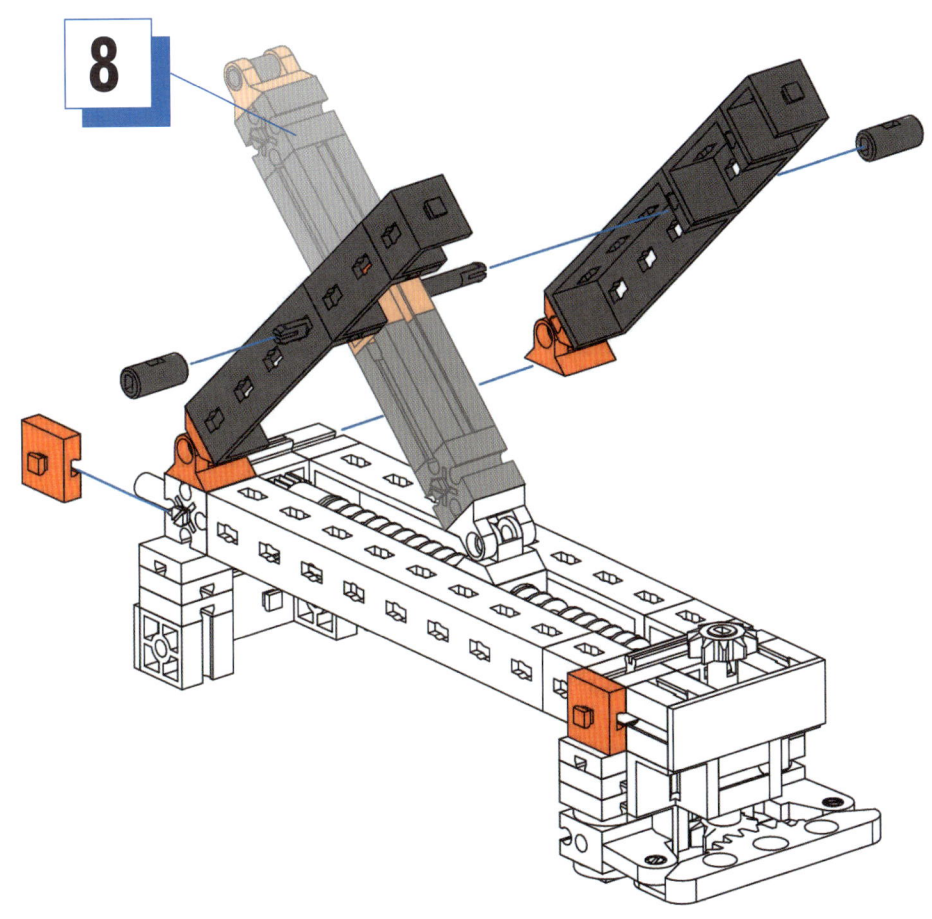

174 孩子的第一本工程科學 II
　　—使用 fischertechnik 工程積木學習機構與設計實務

Step 10

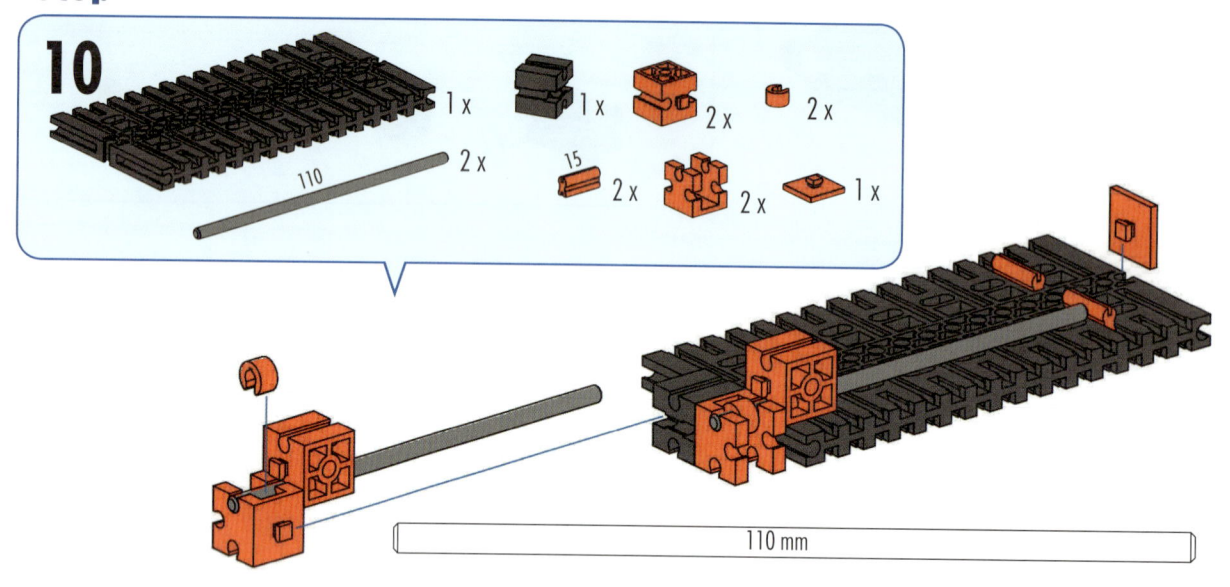

110 mm

Step 11

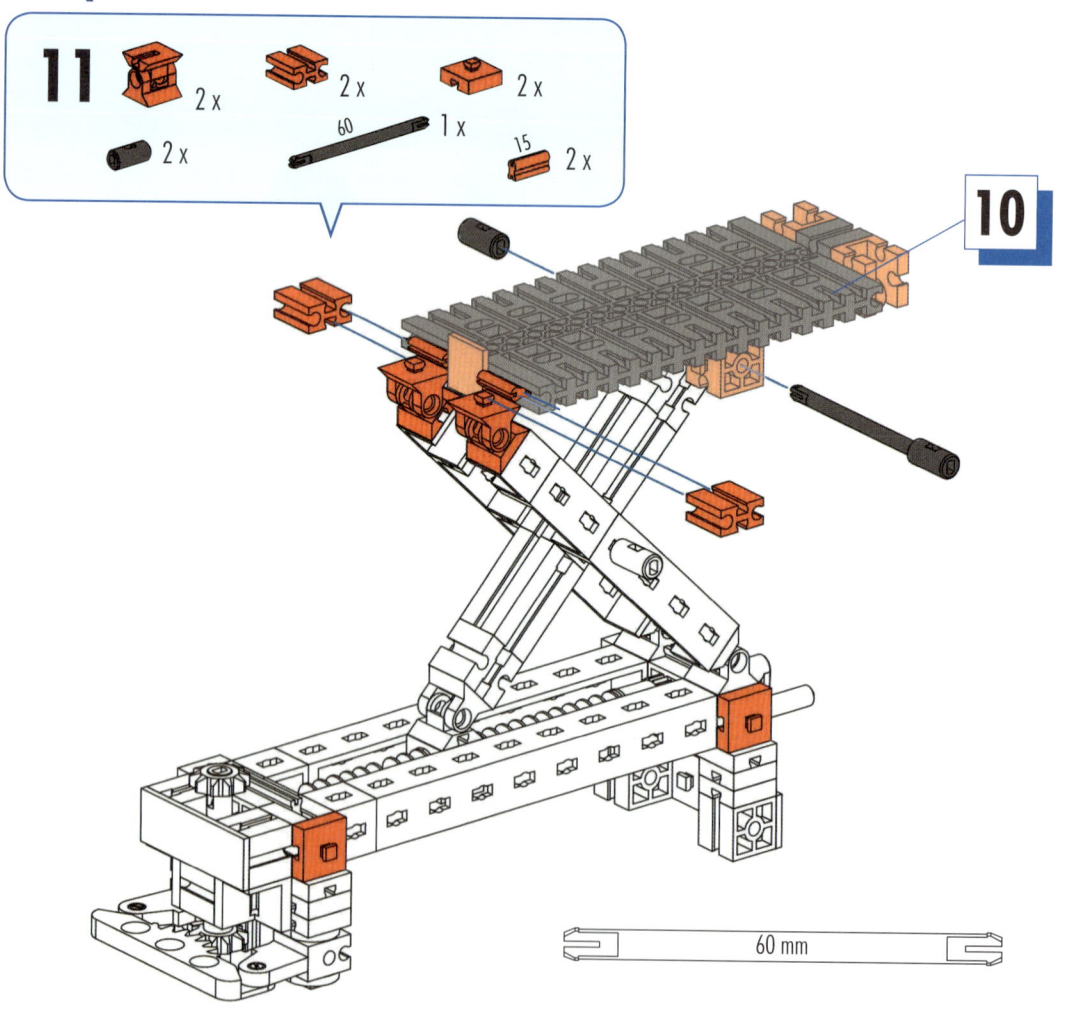

60 mm

單元 18　剪叉式升降機　175

Step 12

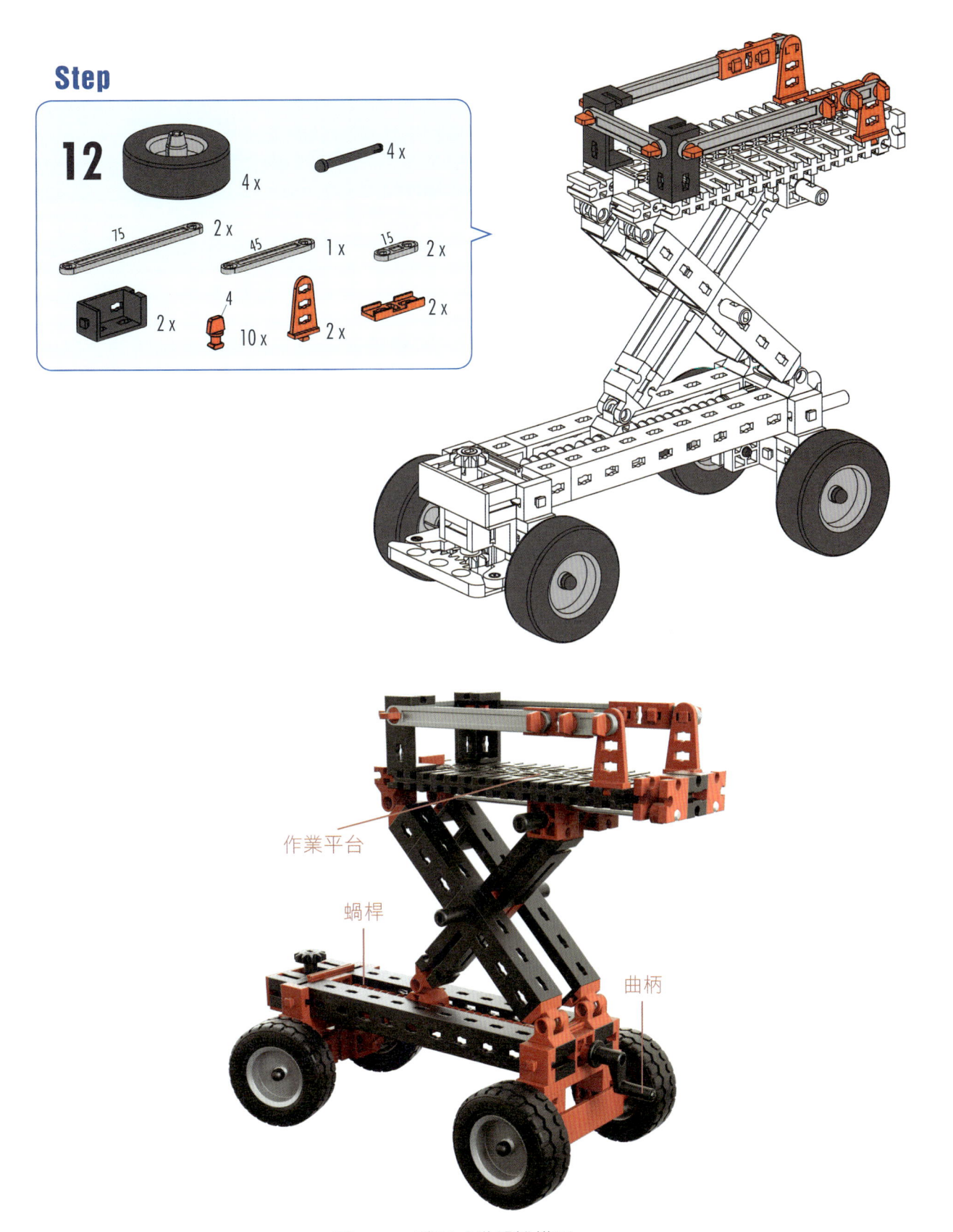

圖 18-2　剪叉式升降機模型

3 工程實驗

1. 當你轉動圖 18-2 的曲柄時，觀察作業平台是利用什麼設計能維持水平呢？

2. 用手轉動圖 18-2 曲柄時，你會感覺費力嗎？為什麼？

4 實驗結果

1. 利用本單元組裝步驟 10 滑塊與滑軌的組合。這樣的組合能限制機構運動時的「自由度」，使得作業台在上下運動時，能保持水平及穩定。自由度就是一個物體，在平面或空間可能運動的情形，有時為了限制機件的自由度，便會使用另一個機件加以約束，如在軸承裡的軸，或滑軌中的滑塊，你可以想像一下，就好像鐵軌上火車的輪子，它們彼此的相對關係。圖 18-2 中的螺母，只能在螺桿中左右運動，就是一種限制自由度的應用。

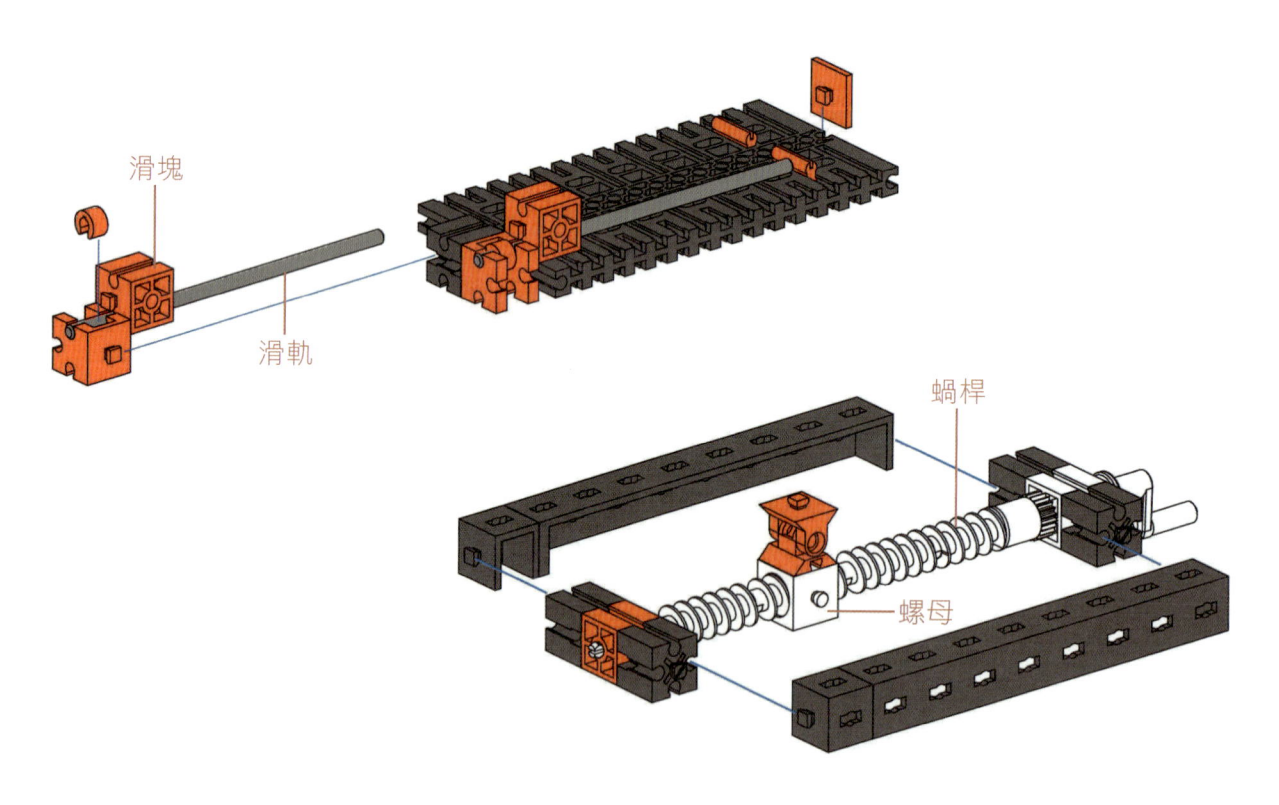

2. 非常輕鬆就轉動了，表示很省力。因為蝸桿傳動機構是以蝸桿為主動輪，可以達到省力費時的效果，是斜面原理的應用。

單元 19
和木相處

⚙ 學習目標

1. 能應用工程積木製作傳動模型
2. 能有把部分變整體之能力
3. 能運用量測工具畫出設計圖
4. 能使用木工工具做出模型之相關配件
5. 能有工程素養及工程思維之能力

1 認識創造力

在圖 19-1 所示的石雕藝術，是筆者在土耳其旅行時拍的，他靜靜地躺在土國境內一處海邊，是羅馬帝國的遺蹟之一，代表那時帝國曾經輝煌的印記。我常拿它來問學生，或者與聽我演講的來賓互動，我問：「如果你們看到這塊藝術作品，會想到那一個品牌的 LOGO ？」多年的經驗也自然累積成了大數據，超過八成的人當下會說是「星巴克」。某一年，一位品牌設計師和我一樣來到這處遺跡，也看到石板上女神隨風飄逸的裙擺，此時給了他創作上的靈感，用最簡單的線條，設計全球最知名運動牌之一的企業標誌，於是「NIKE」誕生了。

每個人都有想像力，但不一定有創造力，後者是一種「實踐」的能力，誠如我所說，整個 STEAM 教育的核心是「工程」，不管理論如何，或是否能產生共鳴，論述的觀點來自我超過二十年對教學現場的觀察與實作經驗，唯有透過工程的手段，人類才能把想像的世界變真實。就如上個世紀 60 年代，美國受到蘇聯發射「史普尼克」人造星的激勵，隨後為了發展「阿波羅」登月計畫，整合了所有類別的工程人員參與，最後發展出「系統工程學」，把想像登月化為真實，這是一個偉大的跨領域工程實現。

因工作之便，我看了很多生活科技教室的教學現場，以及各家出版社的相關內容，在木工實作單元中，列舉了許多橋梁、簡易機械及機件原理的應用。在這些書籍的內容陳述，與教育部公告生科內容參考資料中發現，凸輪是被應用最廣泛的傳動機構，其實不難發現，使用傳動或一些聯結器方面的機件，如齒輪、鏈條…等，難以使用木工手段做出，所以使用較易施作的凸輪做為代替品，但我建議，一些不易施作的機件，可以使用現成的物件代替，當然也可以用 3D 印表機印出，重點是教學目標是什麼？如果是製作一個有趣，又能充分把創意想像的動作與效果展現出來，光是創作中的思考、測量、繪圖及操作過程就很耗時，所以在本單元中，我使用了幾個工程積木當作關鍵機／元件，並配合木工手作，設計幾個模型當作範例，希望能對在這個領域教學的老師，或喜歡動手作的學生，有不同的視角與啟發。

圖 19-1　土耳其海邊羅馬帝國女神雕像遺蹟

2 積木寫生

使用工程積木結合木作,你必須對一些木工加工機具(鑽床、鋸床……),以及量測工具(游標尺、直尺……)有所瞭解,而且要在符合安全的條件之下施作。下列是五個主題模型的範例說明。

1 搖搖椅

使用工程積木做出椅子的主結構,再用木頭做出弧狀椅腳,椅子和椅腳之間的連接使用插銷固定,如圖 19-2 所示。

圖 19-2 搖搖椅模型

2 摩天輪

使用工程積木及齒輪做出摩天輪的支撐結構,與傳動機構,如圖 19-3a 所示,再用木工做出座椅部位之部件,如圖 19-3c 所示。摩天輪的創作重點是轉動速度慢(T10 帶動 T40 齒輪),而且在轉動時,椅子會與地面保持平行。

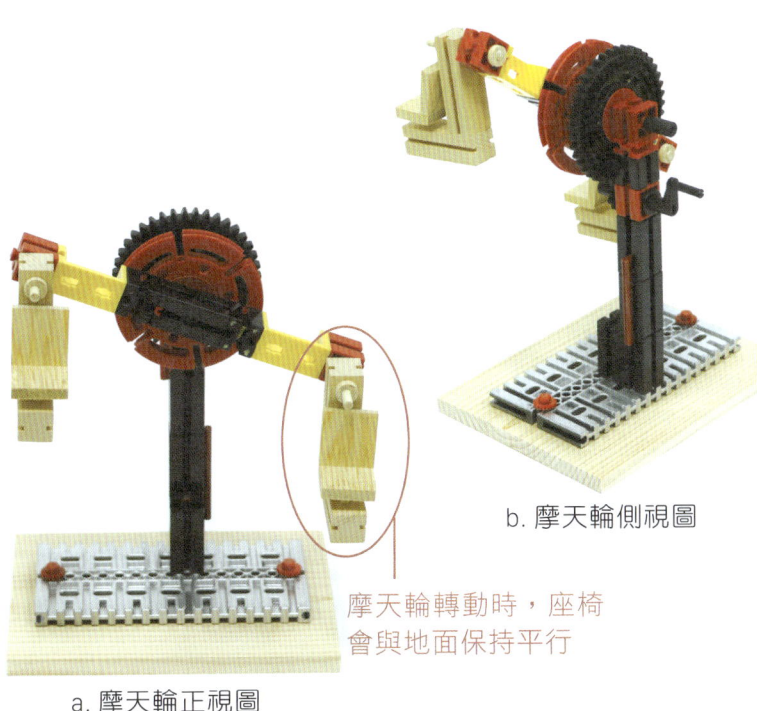

a. 摩天輪正視圖

b. 摩天輪側視圖

摩天輪轉動時,座椅會與地面保持平行

c. 摩天輪座椅零件分解

圖 19-3 摩天輪模型

3 風力搗物機

使用木工做出受風葉片，當風吹時葉片開始轉動，此時軸動力與 T10 齒輪同軸，再藉由鏈條帶動 T20 鏈輪，因 T20 與飛輪同軸，飛輪每轉動一圈時，上面的凸出物（模擬凸輪）便會撞擊到施力臂（黃色積木）一次，由於抗力臂所產生的順時針力矩大於逆時針力矩，所以凸出物與施力臂分離時，抗力端的重物會向下運動撞擊到下方的物體，如果槓桿設計得宜，產生的撞擊力可以用來搗碎穀物，或有堅硬外殼的堅果，這樣的設計概念，常用於古代的機械，如圖 19-4 所示。

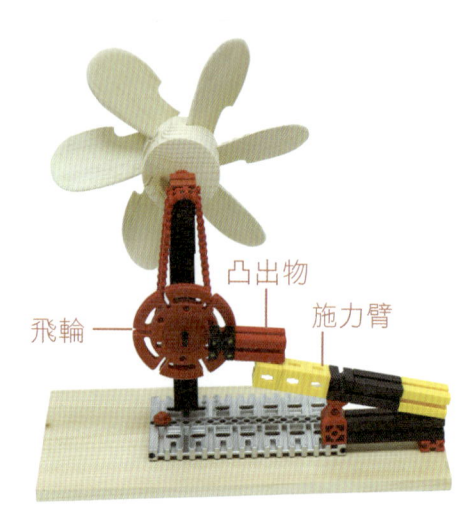

a. 風力搗物機正視圖 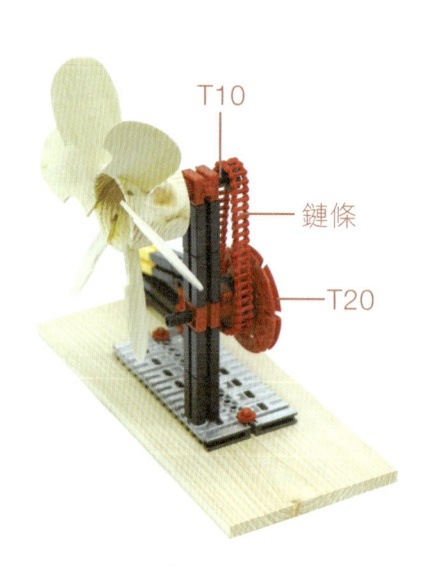　　　　　　b. 風力搗物機側視圖

圖 19-4　風力搗物機模型

4 乘風破浪

從圖 19-5a 的模型中可清楚發現，當轉動曲柄，軸動力會帶動兩個平板凸輪做為傳動機構，當凸輪向上的推力通過從動件軸心，這時圓形從動作只會垂直向上或向下運動，如果凸輪在中心軸右側，轉動時因摩擦力作用，會使得從動件逆時針旋轉，使得在轉盤上的兔子模型反之順時針。在模型範例中，凸輪及從動件皆為光滑表面，你可以在表面上黏貼一些能增加摩擦力的物質，這樣轉動的效果會更好。圖 19-5b 的模型中，調整兩個凸輪的相對位置，轉動曲柄時，當凸輪頂起龍頭時，龍尾部位會下降；當龍尾上升，龍頭則會下降。

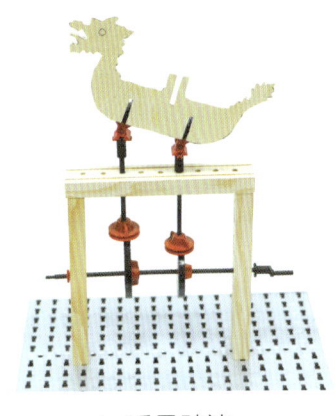

a. 會跳舞的兔子　　　　　　　　b. 乘風破浪

圖 19-5　凸輪傳動模型

5 虹橋／交叉式拱橋

延續單元 5 虹橋的創作，使用工程積木配合木作完成部分部件，從圖 19-6a、圖 19-6b、圖 19-6c 中能觀察出，可輕易變化不同外觀的交叉式拱橋。

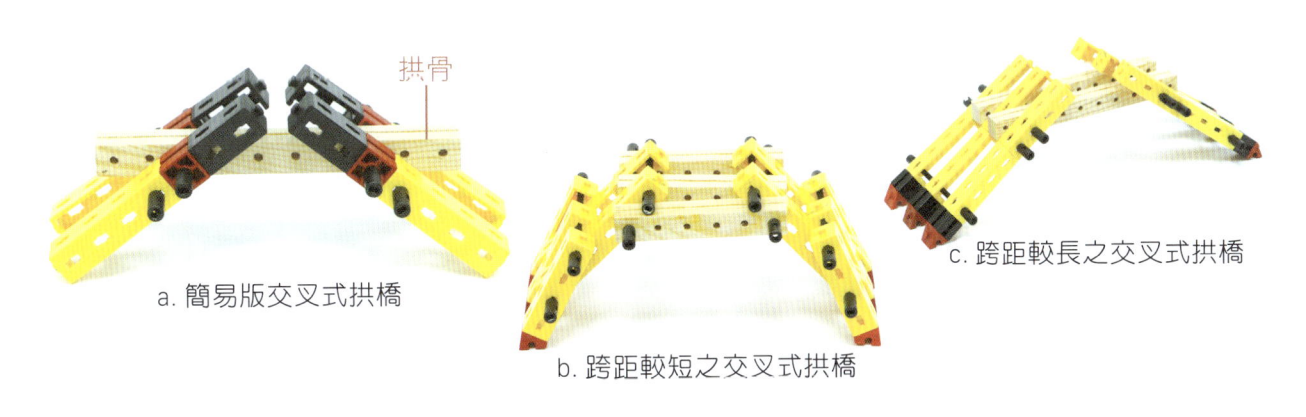

拱骨

a. 簡易版交叉式拱橋　　　b. 跨距較短之交叉式拱橋　　　c. 跨距較長之交叉式拱橋

圖 19-6　各式交叉式拱橋

使用部分工程積木當作機件，如軸、曲柄、凸輪、鏈條、齒輪、鏈輪等，配合木工製作出目前 108 課綱生科領域的教學模型，可以在有限的配課時數中使效率提升，這樣就會有多餘的時間做優化工作，除了能保有創作時的粗糙過程，也能提高作品的精細度，整個創作發想到作品完成，其實就是一個工程素養，以及工程思維的訓練過程。

NOTE

NOTE

NOTE

機構結構教學 FT 模組

產品編號：3009101
建議售價：$7,900

Maker 指定教材
孩子的第一本工程科學 I：
使用 fischertechnik 工程積木
學習結構與設計實務
書號：PN039　作者：宋德震
建議售價：$300

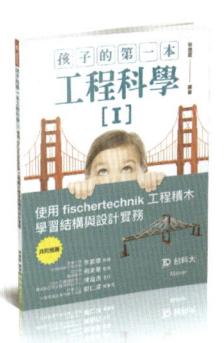

Maker 指定教材
孩子的第一本工程科學 II：
使用 fischertechnik 工程積木
學習機構與設計實務
書號：PN040　作者：宋德震
建議售價：$320

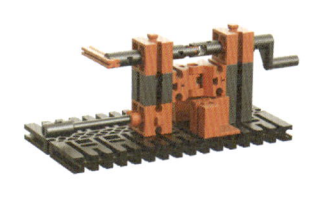

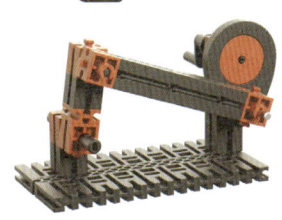

產品特點
- 500 個工程積木，包含：基礎、關節、結構等零組件，如各式齒輪、凸輪、連桿、滑輪、輪軸…等。
- 30 個模型範例，包含：變速箱、差速器、橋樑、起重機…等。

選配
- 原廠充電電池組，含充電器、8.4V/1500mAh 充電電池，產品編號：3009001　建議售價：$2,800
- 鋰充電電池 9V/700mAh(單顆)，產品編號：0199001　建議售價：$350
- 充電器 (9V 鋰電池雙槽)，產品編號：0199002　建議售價：$450

產品編號	動力來源	驅動	零件	模型範例	塑膠箱 (mm)	售價 (NT$) 含稅
3009101	DC9V 電池盒 (不含電池)	XS 馬達 DC9V	500	30	440x315x150	7,900

※ 價格 ・ 規格僅供參考　依實際報價為準

JYiC.net 勁園國際股份有限公司 www.jyic.net

諮詢專線：02-2908-5945 或洽轄區業務
歡迎辦理師資研習課程

書　　　名	孩子的第一本工程科學II： 使用fischertechnik工程積木學習機構與設計實務	
書　　　號	PN040	
版　　　次	2020年8月初版	
編　著　者	宋德震	
總　編　輯	張忠成	
責任編輯	李奇蓁	
校對次數	8次	
版面構成	魏怡茹	
封面設計	魏怡茹	
出　版　者	台科大圖書股份有限公司	
門市地址	24257新北市新莊區中正路649-8號8樓	
電　　　話	02-2908-0313	
傳　　　真	02-2908-0112	
網　　　址	tkdbooks.com	
電子郵件	service@jyic.net	
版權宣告	**有著作權　侵害必究**	

國家圖書館出版品預行編目資料

孩子的第一本工程科學II：使用fischertechnik工程積木學習機構與設計實務 / 宋德震編著 -- 初版. -- 新北市：台科大圖書, 2020.08
　　面；　公分
ISBN 978-986-523-032-6（平裝）
1.機構學　2.機械設計
446.01　　　　　　　109008246

本書受著作權法保護。未經本公司事前書面授權，不得以任何方式（包括儲存於資料庫或任何存取系統內）作全部或局部之翻印、仿製或轉載。

書內圖片、資料的來源已盡查明之責，若有疏漏致著作權遭侵犯，我們在此致歉，並請有關人士致函本公司，我們將作出適當的修訂和安排。

郵購帳號	19133960
戶　　名	台科大圖書股份有限公司
	※郵撥訂購未滿1500元者，請付郵資，本島地區100元 / 外島地區200元
客服專線	0800-000-599
網路購書	PChome商店街　JY國際學院 博客來網路書店　台科大圖書專區
各服務中心	總　公　司　02-2908-5945　　台中服務中心　04-2263-5882 台北服務中心　02-2908-5945　　高雄服務中心　07-555-7947
	線上讀者回函 歡迎給予鼓勵及建議 tkdbooks.com/PN040